JN218952

沖縄・辺野古の抗議船「不屈」からの便り

金井創

みなも書房

まえがき

一九九五年の米兵三名による少女暴行事件、そのことに対する沖縄県民の怒りと悲しみの県民大会。辺野古の新基地建設問題はここから始まりました。県民の怒りをなだめるために当時の橋本龍太郎首相は米国と協議して、宜野湾市の中心部にある普天間基地の返還を発表しました。ところがこれには、県内に普天間基地と同等の機能を持った基地を作るという条件がつけられていたのです。その候補地が二転三転したあげく、沖縄島北部の東海岸・辺野古に決まったのが一九九七年でした。辺野古は名護市に含まれます。この年、名護市では基地建設の賛否を問う市民投票が行なわれ、反対が過半数を取りました。名護市民は基地建設に反対という意志を表したのです。ところが当時の市長は市民投票に示された民意を無視して、基地建設の受け入れを表明。

　地元の辺野古では「命を守る会」が発足し、座り込みによる抗議が始まりました。それから二十年。この闘いはまだ続いています。二〇〇五年には海の沖合を埋め立てて基地を作る計画を海での座り込みによって撤回にまで追い込みました。しかし、政府は二〇〇六年、いま工事が進められている沿岸埋め立てに計画変更し、それから数えてもう十三年続けられています。

　私は二〇〇六年に現在の佐敷（さしき）教会に招聘され、同時にこの基地建設に対する抗議活動に加わってきました。翌年からは海上行動が再開し、船長として現在まで活動を続けています。この間、少しずつ連帯の輪が広げられ、かつて県外ではほとんど知られることのなかった辺野古も、今では海外にまで知られるようになりました。活動家ではない普通の市民が続々と座り込みの現場にやって来るにまでなっています。このような広がりのひとつとして、京都にある日本キリスト教団の西が丘教会が「沖縄からの便り」を発行しています。二〇一五年から発行が始まったこの便りに私は二〇一六年から毎月、文章を書き送っています。当初は二〇部ほどのコピーで始まった便りは、今では約五〇〇部を印刷し、八〇ヶ所を超える各地に発送するほど拡大してきました。

この本は、その「沖縄からの便り」をもとに加筆、編集し直したものです。沖縄の辺野古でどんなことが行なわれて来たのか、市民たちはどう抵抗してきたのか、そしてキリスト者である私はこの取り組みの中でどう聖書を読んできたのかが少しでも伝われば幸いです。ただ、お断りしておかねばならないことは、私が従事してきたのは海上行動だということです。辺野古の取り組みでは、十五年続いてきた浜の座り込みテントに加えて、二〇一四年から海兵隊基地のキャンプ・シュワブゲート前での座り込みがあります。海以上に多くの人が集まり、そこから新しい歌が生まれ、ユニークな取り組みがなされ、そして逮捕者も続出する現場です。限られた時間のなかで私が辺野古に行くときは専ら海で、ゲート前はめったに行けません。その点で全体像の半分しか伝えられていないのです。

しかし、陸でも海でも不屈の闘いは続けられています。これを読んで下さる方が思いを、そして何らかの行動を、辺野古につなげてくだされば幸いです。この本がその一助となることを願っています。

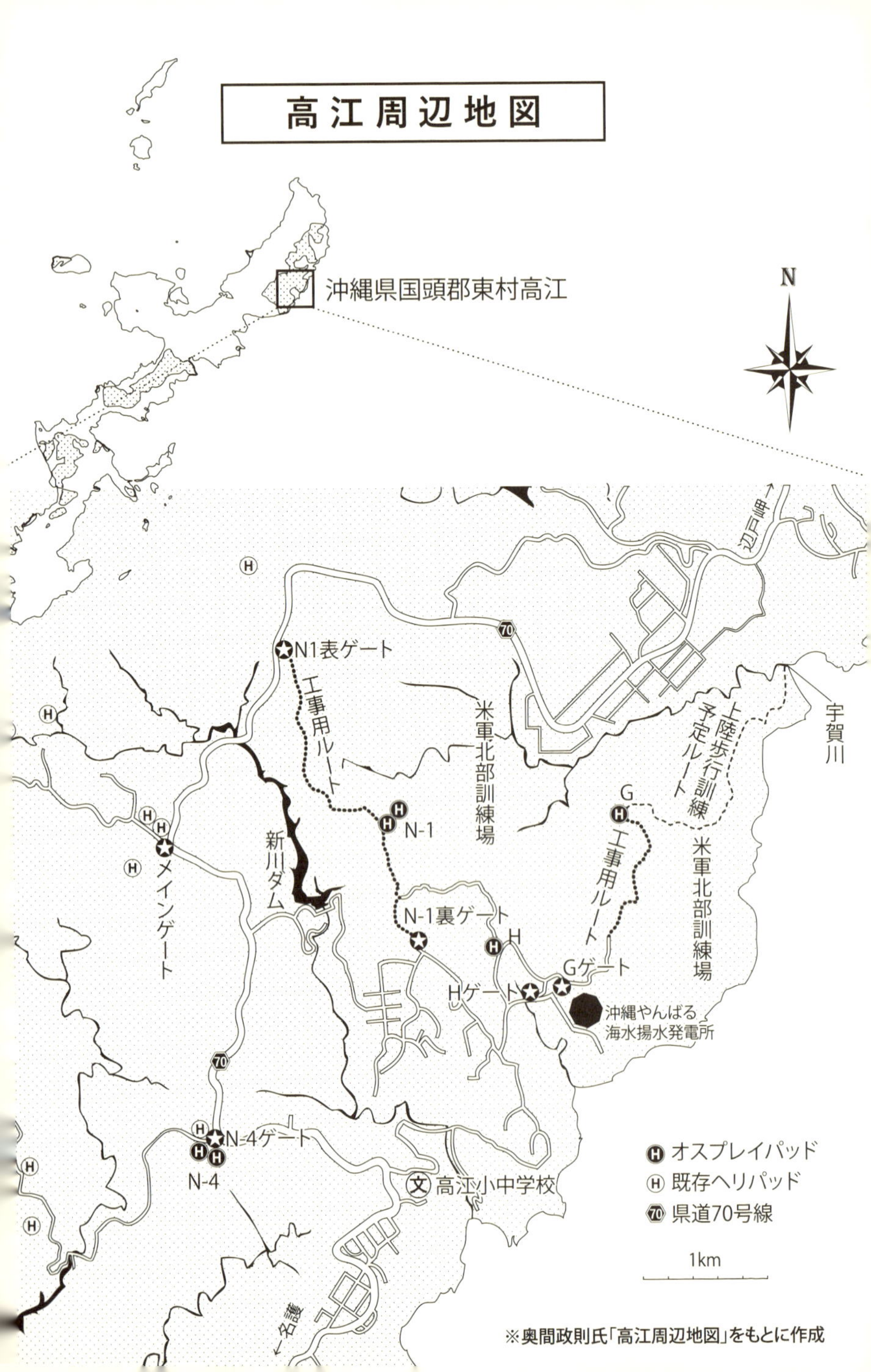
高江周辺地図
沖縄県国頭郡東村高江
N
N1表ゲート
工事用ルート
米軍北部訓練場
N-1
新川ダム
メインゲート
N-1裏ゲート
H
G
工事用ルート
上陸歩行訓練予定ルート
宇賀川
米軍北部訓練場
Gゲート
Hゲート
沖縄やんばる海水揚水発電所
N-4ゲート
N-4
高江小中学校
辺戸岬→
←名護
70
オスプレイパッド
既存ヘリパッド
県道70号線
1km
※奥間政則氏「高江周辺地図」をもとに作成

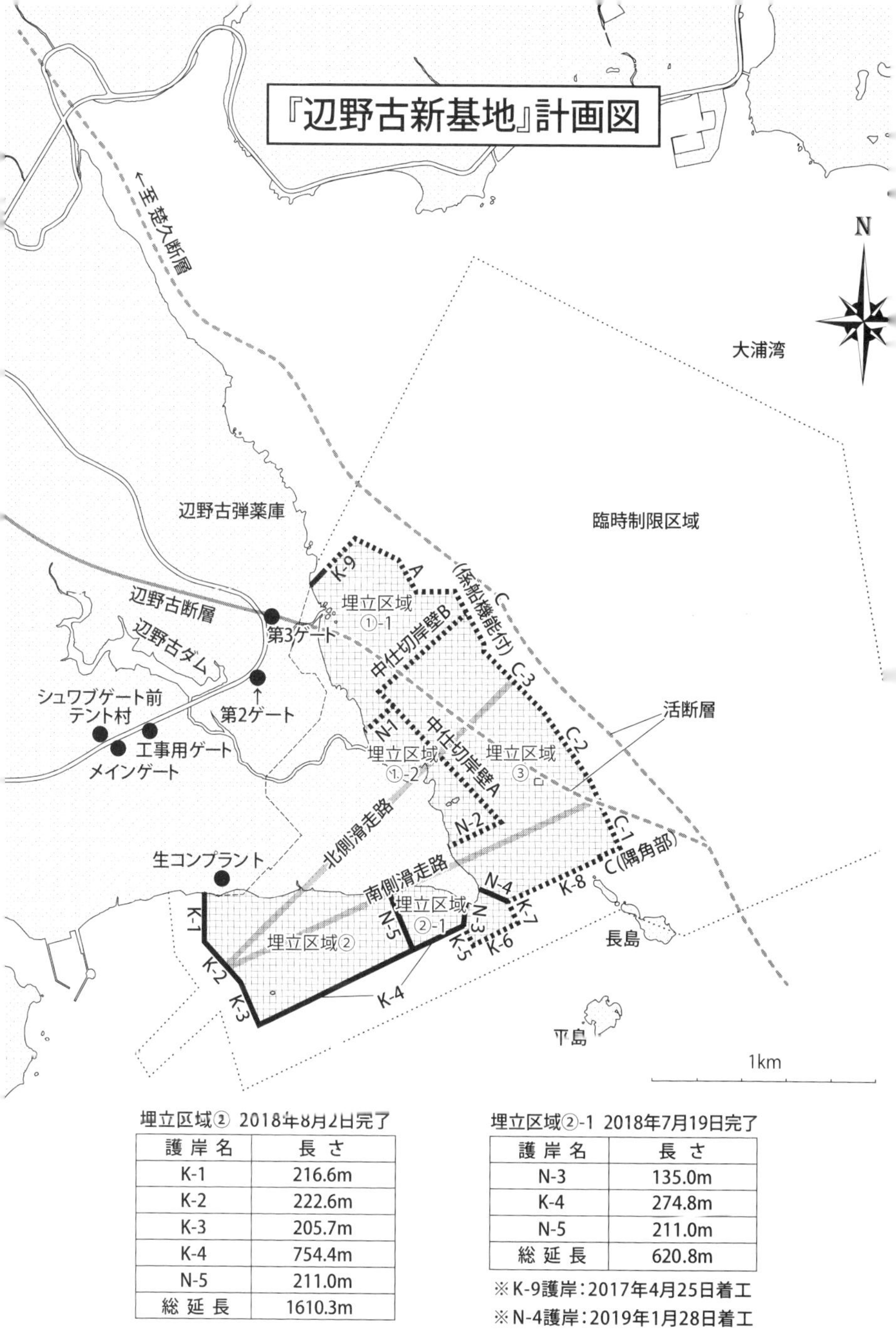

埋立区域② 2018年8月2日完了

護岸名	長さ
K-1	216.6m
K-2	222.6m
K-3	205.7m
K-4	754.4m
N-5	211.0m
総延長	1610.3m

埋立区域②-1 2018年7月19日完了

護岸名	長さ
N-3	135.0m
K-4	274.8m
N-5	211.0m
総延長	620.8m

※K-9護岸：2017年4月25日着工

※N-4護岸：2019年1月28日着工

ヘリ基地反対協議会提供資料（2018年8月2日時点）をもとに作成

沖縄・辺野古の抗議船「不屈」からの便り

目次

二〇一八年

沖縄・辺野古の抗議船「不屈」からの便り

Ⅰ　沖縄からの便り

1

抗議船不屈の誕生

二〇一四年、辺野古の埋め立て工事が始まりました。そうはいっても本格的な土砂投入工事ではなく、ボーリング調査の開始です。二〇〇四年から始まった新基地建設工事以来、座り込みテントでの活動はずっと続いていましたが、中断していた海上行動もいよいよ再開することになりました。また七月には海兵隊基地キャンプ・シュワブのゲート前での座り込みも始まりました。八月十四日には海上保安庁の巡視船一三隻、高速警備艇（GB）三〇隻、警戒船を合わせると一〇〇隻近い厳重警備のもと作業が始まりました。

それに対して私たちはカヌーが五艇、船はたったの三隻で抗議に出航したのです。びっしりと警備艇に取り囲まれて工事エリアに近づくことさえできませんでした。その日のことを翌日フェイスブックで次のように投稿しました。

これは昨日の写真です。カヌー以外の船はすべて海保です。海保も船ごとに微妙に温度差があります。こちらの抗議に一切耳を傾けず、ただ「危険ですから制限水域には入らないで下さい」を繰り返すものもあれば、アナウンスをやめてじっとこちらの訴えを聞く船もありました。

「ここは命の海です。あなたがたは命を守るため、海を守るために海上保安官になったのでしょう？

いま進めている工事はこの海を殺すものです。ここに生きているいろんな生き物を生き埋めにしてしまう工事です。

あなたがたはそのようなことに手を貸すんですか？

どうして海を殺す防衛省のガードマンみたいなことをするんですか？

誇りをもってこの仕事についたんじゃないですか？

あなたがたがいまやっていることに人間として誇りをもてますか？

いつか子どもや孫に、この基地建設をオレが守ったんだと胸を張って言えますか？

あの時オレはここにいたんだと、堂々と言えますか？

一緒に命を守りましょうよ。一緒に海を守りましょうよ。」


この間、一艇の六人がカメラも向けず、じっと聞いていました。

浮桟橋の所にはジュゴンの食み跡が一〇〇本以上もあって、確実にジュゴンが来ていたということを言った時には、一人の隊員がハッ！と驚いた顔をしていました。

天候が崩れる気配があって引き上げようとし、「私たちはこれで引き上げるからね」と告げたら、向こうのうち二人がお辞儀をしました。

船籍から見て東京から派遣されてきた海保でしょう。圧倒的な力で私たちの行く手を阻む海保ですが、静かに説得していきます。

船はすべて中古のもので故障も多く、ある時などは行動の最中にエンジンが止まってしまい、仲間の船に助けてもらうまで一時間もアンカーを打って停泊し待っていたこともあります。そこで私が勤めている沖縄キリスト教平和総合研究所で全国募金をして船を一隻買おうという話になりました。最初は程度のいい中古船を買うつもりでしたが、募金が期待をはるかに上回る額となり、せっかく全国の皆さんがこのように熱い思いを寄せてくれたのだから、ピカピカの新船にしました。募金を寄せて下さった方の中には「ありがとうございます」とメッセージを付けて下さった方が複数いて驚きました。お礼を言うのはこちらであるべきなのに。辺野古のことを自分の課題として何かしたいと思っていたけれど、何をしたらいいかわからなかった、そこにこういう仕方で参加できるという具体的な道を教えてくれてありがとう、だったのです。

実際に船を探すにあたって県内も見ましたが、なかなかいいものがありません。そこでインターネットで調べて関西エリアを中心に出品されているものを実際に見に行くことにしました。それには船のことに詳しい船団リーダーの仲宗根和成（なかそねかずなり）さん、一緒に新たな船の船長をすることになる山田啓人（やまだひろひと）牧師、この三人で出かけることにしたのです。

最初に着いた大阪では全日本港湾労働組合大阪支部（以下・全港湾）の方々に多大な助けをいただきました。大阪、兵庫エリアと山口エリアで何隻か見て、結局輸送費のことも考えて兵庫県赤穂市にあった新船を選びました。これを全港湾の方が大阪の港までトラックで運んでくれ、そこから貨物船に積まれて那覇港まで、そこから名護市汀間（ていま）漁港まではまたトラックで、というような長旅をして、不屈ははるばるやってきました。

この時期、海上行動で使用していた船は平和丸、平和丸2号、平和丸3号、勝丸、ラブ子でしたが二〇一八年の現在でも残っているのは平和丸だけです。それだけ現場では船の消耗も激しいのです。新しい船を購入することにして悩んだのはその名前です。いろいろな候補が浮かんできましたが、決め手がありませんでした。仲間たちからは「ラブ子があるんだからラブ夫にしたら？」などと提案され、それだけはやめてと話していた頃、座り込みテントで一枚のチラシを見ました。

そこには二〇一四年九月三日に名護市中心の街頭で翁長雄志那覇市長（当時）と稲嶺進名護市長（当時）が並んで大演説会を行なうという予告チラシでした。驚きました。翁長さんと言えば自民党沖縄県連の会長、沖縄の保守のリーダーでしたし、稲嶺さんは辺野古に基地を絶対作らせないことを公約に掲げて名護市長になった人です。傍から見れば立場の全く異なる二人が仲良く並んで演説会をする、こんなことが実現するのかという驚きです。これが私にとっては一連の「オール沖縄」の運動との初めての出会いでした。

その時に、座り込みテントにはいつも貼っていた瀬長亀次郎さんの言葉「弾圧は抵抗を呼ぶ　抵抗は友を呼ぶ」という言葉を初めて実感を持って納得できました。瀬長さんが語った言葉がいま目の前で本当に起こっていることへの驚きと感動です。

それを思った時に、天から降ってきたのです「不屈」という言葉が。いろいろ考えた候補の中から選んだわけではありません。胸のうちに湧いてきたとか、ひらめいたというのでもありません。まさに降ってきた感覚です。「不屈」という言葉も瀬長さんが色紙などによく書いていたものですし、座右の銘と言ってもよい言葉だと思っていました。

いま辺野古に必要なのはこの不屈の精神なのだ、瀬長さんが米軍という強大な権力相手に一歩も引くことなく、民衆の側に立ち続けたその姿勢、それを受け継いでいきたい。瀬長さんの歩みを継承するために不屈と名づけるのだから、その文字も瀬長さんが書いた直筆の字体を使いたい、そこまで一気に思いがまとまりました。

那覇市には瀬長さんが残した資料を中心に展示した資料館「不屈館」が二〇一三年三月に開館しており、瀬長さんの次女である内村千尋（うちむらちひろ）さんが館長をしておられました。たびたび足を運んでいたこともありましたので、この思いを伝え、瀬長さんの直筆を使わせていただきたいとお願いに行きました。内村さんはそれを快諾して下さって、船名は不屈と決まりました。

船のことには詳しくありませんでしたので、船名は船首に書くものと思い込んでいたのですが、実は見えやすい場所ならどこでもいいとわかり、縦書きの文字を活かすためにもキャビンに船名を表記することにしたのです。また、日本の船に多いのは何とか丸、何とか号なのですが、これも瀬長さんの直筆を活かすために丸も号もない「不屈」そのものでいくことにしました。

こうして、全国の方々からの熱い思い、数々の方々のご協力を得て、不屈は十一月十四日、汀間の港で進水式を行ないました。辺野古で使っている抗議船で進水式をしたのも初めてのことでした。

仲宗根和成さんのリードで行なわれた進水式。

2　抵抗は友を呼ぶ　二〇一六年四月

二〇一五年に沖縄県、政府双方から辺野古新基地建設をめぐって訴訟が起こされ、裁判所は和解案を提示。日本政府もこれを受け入れたことによって、工事は中断しています。この中断期間中に政府は万全の備えをなして、工事を再開してくるだろうと思いますが、しかし、いったん工事中止に追い込んだのは海上で、ゲート前でねばり強く闘ってきた市民の勝利であることは確かです。

二〇一四年夏から始まった埋め立て工事のためのボーリング調査。これを阻止するために海では船団とカヌーが、海兵隊基地キャンプ・シュワブゲート前では座り込みの人々が、連日抗議と非暴力抵抗の活動を続けてきました。その一人が山田啓人(やまだひろひと)牧師です。

私は二十三年前に東京で、山田牧師と一緒に小型船舶免許を取りました。日本キリスト教団出版局主催の「教師の友セミナー」が長野県の野尻(のじり)湖で開催され、そのスタッフとしてエンジンボートを使うことになったからです。その時に取得した免許が辺野古の海で役に立つとは、しかも山田牧師と一緒に船長をするとは想像すらしていませんでした。

残念ながら山田牧師はこの四月から神奈川の教会に転出されましたが、山田牧師と共に過ごした二年間は濃密なものでした。私は二〇〇七年から辺野古で船長をしてきましたが、山田牧師は二〇一四年、久しぶりに船を操ることになったのです。始まって二ヶ月の間は船酔いと、筋肉痛、体力の消耗に悩まされたようです。それでも海に出続けることをやめず、半年後には責任船長としてその人柄と共に皆から信頼される船長の一人になりました。

辺野古の現場では船舶免許を持っているだけでは船長とは呼ばれません。免許を取得したうえで、さらにベテランの船長から指導と訓練を受けて一人前になったと認められて初めて船長と言われるようになるのです。そこまでなるのに個人差はありますが、だいたい二ヶ月から半年かかります。

私が海上行動に加わった二〇〇七年のころは、船長はカヌーもでき、素潜りもできるようになってから船長訓練を受けるという仕組みになっていました。ですから私もカヌー隊から始めたのです。今では「隊」というと軍隊を連想するのでやめようということになって、カヌーチームと称していますが、当時はカヌー隊でした。

私もそのカヌー隊メンバーとして活動し、それから船長訓練に移行したのですが、いやでいやでたまりませんでした。カヌーは転覆しても自分一人の問題です。ところが船は乗っている人たちの命を預かるわけですから、緊張感がちがいます。また、辺野古の海は見ている分にはきれいですが、船を走らせるとなると本当に怖い海なのです。岩礁やサンゴが海面下に隠れています。潮が引いてくると危ないところがあちこちいっぱいになります。その場所を教えてもらっても海には目印がありませんから、すぐにどこだったのかわからなくなります。

船長訓練の日々は毎回もとのカヌーメンバーに泣き言を言っていました、「カヌー隊に帰りたいよー」と。「だめ、頑張んなさい！」と励まされてはいましたが、あの怖さは忘れられません。訓練を受けていた二ヶ月の間にスクリューを二個こわしてしまったほどです。海中に岩があるのに気がつかずぶつけてしまったのです。がっくり落ち込んで港に帰ってきて、「すみません、やってしまいました」と謝ると、いつも現場にいてくれるヘリ基地反対協議会の代表・安次富浩（あしとみひろし）さんに、「気にしないでいいよ、みんなそうやってうまくなってきたんだから」と慰められました。その言葉が心にしみました。

いろいろな技術を授けてくれた先輩船長の中には現役の漁師さんもいました。その彼に言われたのは「辺野古の海は難しいよ。ここで一ヶ月やったらほかの海で一年やったのと同じだからね、自信もって頑張りなさいよ」ということでした。これも落ち込んでいた私を慰めてくれる言葉でした。

このように船長は共に乗り組んでいるメンバーたちの命を預かる立場です。座礁の危険がある海域にも行かねばなりません。カヌーの安全を見守らねばなりません。最も危険なのは暴力的な海上保安庁とのやりとりです。今までもけがを負わされたり失神させられた船長、追突されて大破した船、しまいには転覆させられた船まであります。

そのような中でも冷静沈着に行動し続けたのが山田牧師です。とても謙虚な人ですからもしかするとおとなしいだけの人かと思われたかもしれません。しかしその内には熱い情熱がありました。仲間が海保に痛めつけられた時には猛抗議する激しさもありました。そして何よりも新基地建設を食い止めるという固い信念がありました。それは海の仲間が共通に持っている思いです。だから仕事、性別、年齢、生い立ちが全く違う人たちが信頼と友情で結ばれていくのです。

私たちを暴力的に規制してくるのは海保です。しかし彼らがどれほど人数が多くても、力が強くても、公の権力を持っていても私たちは負ける気がしません。なぜなら、彼らは組織の人間であり職務として行動します。一方、私たちは一人一人が決意と覚悟をもって行動しています。決意した一人の人間はどんな組織よりも強いことをますます確信するようになったからです。

現場はけが人が出る、逮捕者が出る厳しいものでありますが、ここで出会う仲間はかけがえのない友となります。こんなに本気で生きる人たちが集まる場所というのも、そうそう見られないものでしょう。このような絆で結ばれた山田牧師ですから、たとえ離れていてもつながりは切れることなく、さらに彼が言われたように新たな地で辺野古のこと、沖縄のことを伝え、広めていかれるでしょう。神奈川での活躍に期待しています。


この章のタイトルに「抵抗は友を呼ぶ」とつけましたが、これは瀬長亀次郎さん（詳しくは後述）の言葉です。「弾圧は抵抗を呼ぶ。抵抗は友を呼ぶ」というのが元々の言葉ですが、米軍占領下の時代から今に至るまでこれは変わらない沖縄の状況だと思います。先の山田牧師もそうですが、抵抗は友を呼ぶということで言えば、もう一人大きな出会いがありました。それは海上行動の若き船団リーダー仲宗根和成（なかそねかずなり）さんです。

彼は以前から辺野古、大浦湾でダイビングのガイドをしたり海の仕事をしてきました。私も以前から彼の存在は知っていました。しかし、そのころ彼は私たちのことをどう思っていたかというと、国が決めたことに逆らって海でがちゃがちゃ騒いでいる人たち、自分の仕事場である海を騒がす人たち、という批判的な思いをもって冷たく見ていたというの

です。

しかし二〇一四年、政府が本格的に埋め立て工事に着手するとなった時に、今まで海が壊されなかったのは、あの人たちが頑張って工事を阻止してきたからだということに気がついたのです。このままでは海も破壊されて子や孫の世代が難儀すると考え、彼は海上阻止行動に加わるようになりました。こうして冷たい目で見ていた人が、最も信頼する友になっていったのです。

その彼がある時にこんな話をしてくれました。「前は海上行動する人たちが嫌いだったんですよ。でもその人たちが今まで建設をとめてくれていた。その人たちがここに種を蒔いて芽を出させてくれたんです。最後に花を咲かすのは地元の俺たちだという思いでやっていきます」と。

基地建設を食い止めて豊かな自然を残すという花を咲かすのは、地元に生きる自分たちだという自負と同時に、そこまでつないできてくれたものとして私たちを認めてくれたのです。この言葉によって、私たちがしてきたことに新たな意義づけも与えられた思いがしました。

地元の青年団の団長もしている和成さんの参加は大きな意味があります。若者たちに信頼されている彼を通して、私たちの行動が受け入れられてきていることを感じますし、漁師さんたちと私たちをつないでくれているのも和成さんです。

現場での抗議・阻止行動は厳しく、気持ちが萎えるようなこともありますが、同時にそこはこのような友が与えられる場でもあるです。

3

フロート――海上のバリケード

二〇一六年四月

辺野古での新基地建設工事が中断して一ヶ月たちました。工事中断といっても埋め立て本工事はまだ全く着手されていません。今まで政府の発表を受けて新聞、テレビなどが埋め立て本工事着工などのニュースを流してきましたが、実際はその前提となる海底ボーリング調査のことです。そして、それに付随する臨時制限水域を示すブイの設置、工事区域への進入を阻むためのフロートやオイルフェンスの設置、それらをつなぎ留めておくためのコンクリートブロックの投下などがこれまで行なわれてきました。

その一つ一つは少なからず環境を破壊するものでしたが、しかし本当の意味での埋め立て本工事には程遠い状態にあります。しかも、このたびの中断によってボーリング調査すら終えられていません。ボーリング調査は二〇一四年の八月に始まり、当初は十一月末完了予定でした。それが終わらず再三の完了予定延期のすえ、一年半たってもまだ終わらず、ついに未完のまま中断という事態になったのです。工事車両を基地内に入れまいとするキャンプ・シュワブゲート前の闘い、連日の不当拘束をものともしない海上の抗議行動の勝利であると言えます。

今後、仮に裁判で政府が勝ったとしても、それからさらに名護市長、沖縄県知事の許可を得なければならない工事工程がいくつもあります。そのどれ一つ欠いても工事は進まないのです。

工事中断に伴って私たちが強く求めていたフロートも撤去されることになりました。フロートはもともと物理的に私たちの進入を防ぐためのものでした。それは政府が「法令」であると主張する臨時制限水域のずっと内側にあります。法令をたてにするならば制限水域に入っただけで「刑特法」適用で逮捕できるのです。しかし、その法的根拠が弱いせいか、あるいは世論の反発を恐れてか、私たちが制限水域に入っても退去を促す呼びかけしかなされてきませんでした。

もっとも二〇一四年八月直後はその制限水域にすら入れないよう、海保が厳重に警備していました。それを少しずつ押しやってきた結果、とうとう政府はこれ以上物理的に進入できないようフロートを設置したのです。

直径約70cmの大玉フロート。

ところが、そのフロートをカヌーも船も練習して越えていけるようになりました。政府にしてみれば全く想定外の事態だったでしょう。連日のカヌーによるフロート越え練習は真剣でありつつ和気あいあいとしたものでした。誰かが何度も失敗した挙句、ついに越えられたときには周りのカヌーからも船からも拍手喝采が湧き起こったものです。そして船までもがフロートを越えて行ったときの海保の慌てようは見ものでした。

やがて海保は私たちと同じようなカヌーを数艇用意し、それを使ってカヌーを捕まえる訓練を始めたり、彼らもまた船でフロートを越える訓練を始めました。こうしてフロートは全く無用の長物と化したのです。

それでも諦めの悪い政府は二〇一五年一月、それまでのフロートに比べて直径が倍ほどもある、私たちが「大玉フロート」と呼んでいる新型のフロートを設置したのです。小型のフロートは玉一個が八千円、大玉は一個一万五千円するそうです。それを何キロにもわたって張り巡らすのですから、どれだけの無駄なお金を費やしているのでしょうか。大玉フロートも私たちを防ぐことはできないのですから。これすら船もカヌーも越えてしまいます。すると政府はそれを二重にしたり、オイルフェンスを交えて三重にしたりと、いたちごっこのように海のバリケードを強化していくだけでした。

そしてこのフロートを越えて進入すると「工事の安全のため」という名目で海保は私た

フロートのなくなった海。

ちを不当に拘束するのです。もはや工事のガードマンにさせられてしまった海保の職員はいたくその職業倫理を傷つけられたのではないでしょうか。海の安全、人命を守るために厳しい訓練を受けた海のエリートが海を破壊する工事のガードマンをさせられるのですから。

そんなフロートもついに撤去されることになりました。醜く海を区切っていた邪魔者がなくなり、辺野古と大浦湾は二年ぶりに元の姿を取り戻します。すっきりした海を写真でも皆様にご紹介できるのが今から楽しみです。

4

二十歳の女性が犠牲に

二〇一六年五月

沖縄はいま大きく揺れています。二十歳の女性が米軍属の男によって暴行、殺害、遺棄されるというむごい事件が起こってしまいました。元海兵隊員である容疑者は現役の兵士ではないとはいえ、米軍基地で働き、日米地位協定で保護される立場にありました。

五月二十六日、二十七日は「伊勢(いせ)・志摩(しま)サミット」が開催され、それにあわせて米国大統領として初めてオバマ大統領が広島を訪れるというこの時期、政府関係者はこの事件が「最悪のタイミングである」と言ったことが伝えられています。こんな事件に「良いタイミング」などあるのでしょうか。あまりに無神経な、というより犠牲者と沖縄県民の悲しみに配慮のかけらもない発言です。

このタイミングへの過剰な気遣いは政府関係者ばかりではありません。沖縄県警上層部も首相をはじめとする政府首脳の思いを過剰に忖度し、事件を表沙汰にしない意向があったようです。そのことを知った所轄であるうるま警察署の捜査関係者が容疑者情報を琉球新報にリークし、琉球新報はこれを大々的に記事にしました。翌日には沖縄タイムスも追随し、県警としても動かざるを得なくなったのです。現場の捜査官の勇気に敬服します。県警上層部といえばほとんどがいわゆるキャリアで、県外からやってくるエリートです。それに対して現場の捜査官はウチナンチュです。戦後、ずっと繰り返されてきた米軍による事件、事故に涙を流し、怒りをたぎらせてきた県民の一人だと思うのです。

　以前から私は機会あるごとに口にしてきたことがあります。日本政府があくまでも新基地建設を強行するならば、沖縄県民は新基地建設反対から反基地になり、さらには反米、反日にまで至るでしょうと。こんな忌まわしい事件が起きて、多くの県民の思いは一気に反基地に向かっています。沖縄県議会も初めて「海兵隊撤退」を決議しました。海兵隊基地キャンプ・シュワブでも、高江（たかえ）の北部訓練センターでも、米軍車両の出入りを食い止める直接行動が始まっています。空軍の嘉手納（かでな）基地前でも抗議行動が始まり、五月二十五日は四千人もの人が集まりました。

　決議、抗議ではもうとどまらない直接行動は今後も激化していくでしょう。二〇一二年九月に私も参加した、普天間基地のゲート封鎖のようなこと（六七頁参照）が各地でなされるかもしれません。日米地位協定の抜本的な改定を、こうした事件が起こるたびに沖縄は求めてきました。しかし、安倍首相は「相手のあることだから」と交渉すらしない態度ですし、アメリカ国務省もそうした改定は考えていないとコメントしています。

ならば基地はすべてお引き取りいただこう。県民の力で基地の機能を麻痺させる。もはや沖縄で基地を維持していくことは不可能だというところまで追い込む。今は深い悲しみの中で静かに追悼の時を過ごしたいと思っている多くの人の心にある怒り、それはやがて噴き出す炎となって米軍基地に、またその存在を保障している日本政府に向けられていくでしょう。

このような沖縄の痛み、悲しみ、怒りに共感してくれるのか、あるいは遠い出来事として無関心でいるのか、私も含めて日本人はいま問われていると思います。

5　悲しみの県民大会

二〇一六年六月

六月十九日、那覇市の奥武山（おうのやま）陸上競技場に六万五千人が集まって、「元海兵隊員による残虐な蛮行を糾弾！　被害者を追悼し、海兵隊の撤退を求める県民大会」が開催されました。例年より早く梅雨の明けた沖縄は当日も照りつける強烈な日差しで、じりじりと陽に焼かれながら、しかしこれだけ多くの県民がこの大会のために会場に集ってきました。元海兵隊員の犯罪によって犠牲にされた被害者を悼んで、多くの人が喪服や黒い服を身に着けて。これまでの県民大会と違い、気勢を上げるシュプレヒコールもなく静かな悲しみの中で大会は始まりました。

犠牲者と同世代の若者四人がメッセージを語ったのもこれまでの大会にはなかったことです。そのうちの一人、玉城愛（たまきあい）さんはこう語りました。「安倍晋三さん。日本本土にお住

まいのみなさん。今回の事件の「第二の加害者」は誰ですか？　あなたたちです。しっかり、沖縄に向き合っていただけませんか。」

これは他府県の人たちを糾弾する言葉ではありませんでした。彼女はこうも言っています。「生きる尊厳と生きる時間が、軍隊によって否定される。命を奪うことが正当化される。こんなばかばかしい社会を、誰が作ったの。このような問いをもって日々を過ごし、深く考えれば考えるほど、私に責任がある、私が当事者だという思いが、日に日に増していきます。彼女が奪われた生きる時間の分、私たちはウチナーンチュとして、一人の市民として、誇り高く責任を持って生きていきませんか。もう絶対に繰り返さない。沖縄から人間の生きる時間、人間の生きる時間の価値、命には深くて誇るべき価値があるのだという沖縄の精神を、声高々と上げていきましょう。」

　米軍基地があるために発生する犯罪、そしてその被害者。この被害者を守れなかったという自責と悔恨の思いは多くの人が共有するものです。今回の被害者が遺棄された現場は人けのない辺鄙なところです。しかし、いまだに連日多くの人が花を手向けに訪れます。

　大会では沖縄を代表する唄者（うたしゃ）の一人、古謝美佐子（こじゃみさこ）さんが「童神（わらびがみ）」を歌いました。その歌の中には生まれた子どもを親が「風（かじ）かたか」（風よけ）となって、この世の厳しい風から守っていくという歌詞があります。被害者が生まれ育ったのは名護市です。メッセージを語った稲嶺進（いなみねすすむ）名護（なご）市長は、私たち大人はまたしても命を救う「風かたか」になれなかった、と悲痛な言葉を発しました。若者たちは被害者は自分だったかもしれないと思い、大人たちは守れなかったつらさを等しく心に抱いたのです。

　被害者のお父さんがこの大会にメッセージを寄せてくれました。その最後にはこうあります。

「次の被害者を出さないためにも「全基地撤去」「辺野古新基地建設に反対」。県民が一つになれば、可能だと思っています。県民、名護市民として強く願っています。」

　基地の撤去を願ったり、基地建設に反対することは政治の問題ではないのです。命の問題です。そのことがなおいっそう深く心にしみるお父さんの言葉でした。

最後に翁長(おなが)県知事が島くとぅば（沖縄の言葉）で叫んだ言葉には本当に震えました。


ぐすーよーー！　まきてーないびらんどー！

（皆さん！　負けてはいけませんよ！）

わったーうちなんちゅぬ、くゎんまがん、まむてぃいちゃびら。

（私たち沖縄人の子や孫も守っていきましょう）

ちばらなやーさい！

（頑張っていきましょう！）


大会での登壇者一人ひとり、胸を打つ言葉を語りました。そして最後の知事の言葉。

いま日本の政治リーダーでこれほどの言葉を語れる人がいるでしょうか。口先だけでなく、行動に裏付けされた確かな言葉を。

6

琉球処分　二〇一六年七月

七月の参議院選挙、沖縄ではオール沖縄推薦の候補、伊波洋一氏が現職の大臣・島尻あい子氏に一〇万票の差をつけて圧勝しました。これで沖縄選挙区の衆議院議員四名、参議院議員二名すべてがオール沖縄であり、新基地建設反対、さらには海兵隊撤退を求める人たちになりました。自民党の改憲案に反対し、民主主義を守ろうと公言している人たちでもあります。きわめてまっとうな感覚だと思うのですが、目を内地に転じてみると同じ国とは思えない結果に驚きます。

全国的には自民党の圧勝、改憲勢力が参議院の三分の二を占めるということが自分たちの生活にどんな恐ろしい影響を及ぼすのか、それすら無感覚になっているのかと呆然とする思いです。日本が進んで民主主義を捨てるなら、沖縄は独自の道を行きたいと個人的には思ってしまいます。

そのような思いに拍車をかける出来事が七月十一日から起こっています。参議院選の投開票が行なわれたのは七月十日、オール沖縄の勝利を祝ったのもつかの間、翌十一日に政府は中断していた高江（たかえ）でのヘリパッド建設を再開させました。

千葉県警、警視庁機動隊、神奈川県警、愛知県警、大阪府警、福岡県警から五〇〇名の警官隊を動員しての工事強行です。一八七九年（明治十二年）、明治政府は警官、軍隊あわせて六〇〇名を派遣し、首里城の明け渡しと、廃藩置県を命令しました。これによって琉球王国は滅ぼされ沖縄県となりました。このことを琉球処分と言いますが、以降、沖縄の歴史において第二、第三の琉球処分とも言うべき出来事が続きます。そして今回です。これはまさに琉球処分であると多くの人が感じています。

高江は辺野古からさらに車で一時間ほど北上した東村（ひがしそん）にある地区です。そこは米軍の広大な北部訓練場に取り囲まれた地域でもあります。米国が世界で唯一保持している約七五〇〇ヘクタールに及ぶジャングル戦闘訓練の場がここです。その北側、約四〇〇〇ヘクタールを返還するには、その中にあったヘリコプター離着陸帯（ヘリパッド）の代わりに、南側にヘリパッドを六ヶ所造るというのが条件でした。一見、基地の負担軽減のように見えますが中身は全く違います。米軍にとってはもう使えなくなった訓練場の北側を後始末もしないまま沖縄に押し付け、代わりに高江集落を取り囲むようにオスプレイが使える六ヶ所ものヘリパッドを日本に造らせ、基地の機能を強化する。わざわざ集落近くを選ぶのも、戦地での集落を標的にした低空飛行訓練、集落近くでの離着陸訓練のためだからです。

これがなぜ機能強化と言えるのかというと、ひとつはそれまで広範囲に分散していたヘリパッドを非常に近い範囲に集中させる、しかも高江の集落を標的にするかのように取り囲んでいます。また、海岸近くの一ヶ所は海からの上陸訓練にも使えるというものだからです。そのために宇嘉（うか）川の河口を含んで新たに提供水域として米軍に提供し、その河口からヘリパッドまでの歩行ルートも作るということで、海と陸と空が一体化した訓練を行なえるようになります。これはそれまで北部訓練場ではできなかったものです。

日本政府はこれをもって沖縄の基地負担軽減と喧伝しますが、実態はこのように現実とかけ離れています。そのことは辺野古でも全く同じです。しかも計画の当初から辺野古にも高江にもオスプレイが配備されるのを政府は知っていながら、住民にはひた隠しにしてきました。というより、住民の側はとっくにオスプレイ配備の情報をつかんでいて、政府を追及しても政府は否定し続けてきたのです。オスプレイは来ません、飛びませんと。

高江ではヘリパッド工事が明らかになった二〇〇七年以来、地元の住民の会を中心に座り込みがなされてきました。住民が工事開始を知ったのは政府の説明によってではなく、新聞報道によってでした。何も知らされていなかったのです。それまでも集落近くに一ヶ所あったヘリパッドではヘリコプターの夜間離着陸訓練などがなされていて住民を悩ませていました。それが全部で六ヶ所にもなるということで、住民の抱いた恐れと危機感は相当なものだったと思います。

高江は辺野古のさらに北にあってあまり人が行かないところです。県内でもその場所を知らない人のほうが多いでしょう。「たかえ」と聞いて「誰それ?」と返した人もいるくらいです。地名であることすら認知されていなかったのです。そのような場所ですから住民の会の取り組みは座り込みだけでなく、高江を知ってもらう様々な工夫がなされてきました。イベントとして東京で開催する「ゆんたく高江」。ゆんたくとはおしゃべりという意味です。これを通して高江を知って県外から座り込みに参加するためにやってくる人もいます。高江Tシャツや高江てぬぐいなどの品物の販売。高江Tシャツなどは海外でも見かけるほどになりました。

そのような取り組みもあって十年間、工事を食い止めてきました。しかし、ついにこの七月、政府は強硬手段をもって住民、市民の抵抗を押しつぶそうと襲ってきたのです。高江の工事再開クライマックスは七月二十二日でした。私も前日から夫婦で現地に泊まり込み、というか警戒して一睡もせずに座り込んでいました。そして二十二日、早朝五時頃か

の森に

ら数百名の機動隊による住民排除が始まりました。何百人もの機動隊が密集して迫ってくる光景は恐ろしいものでした。しかも警察は一本しかない県道を数キロにわたって封鎖し、あとから来る市民、支援者を一歩も中に入れませんでした。県道の管理者である県の職員すら通さなかったのです。これは首相官邸の命令で実行したことだと伝えられています。日本はもはや民主主義の国でもなく、法治国家でもありません。

二〇〇名近く徹夜で頑張っていた市民はすべて機動隊によって排除されました。機動隊によってけがを負わされ、救急搬送された人も出ました。敗北感、悔しさ、無力感に打ちのめされましたが、しかし、これで勝負がついたわけではありません。今は工事のためのゲートが確保されただけです。これから資材運搬などが続きます。それをいかに食い止めていくか、やるべきこと、できることはまだまだたくさんあります。倒されても倒されても、また立ち上がり進んでいきます。

7 個人vs組織人

二〇一六年八月

沖縄北部に位置する東村の高江では警察の「政治利用」が続いています。現在、建設されようとしている三つ目のヘリパッドはN1地区と呼ばれている場所にありますが、県道からN1までは二キロの距離があり、そこを建設重機などを通すために林道の拡張工事が進められています。毎日、一〇台から二〇台のダンプカーが砂利を運び込み、これが敷きならされて道路は延伸しています。

このダンプは隣村の採石場から砂利を運んでくるのですが、まずパトカーが先導します。その後に数台の警察車両、防衛局車両が続き、その後ろからダンプがついてきます。そして後方には機動隊車両、パトカーがついて、時速二〇〜三〇キロで進んできます。私たちはこの光景を「大名行列」と呼んでいますが、警察は砂利ダンプを護衛するために首相が来た時でさえ見ないような厳重な警備体制を敷きます。そして露払いのように県道で座り込む市民、車を完全に排除してダンプ様の通り道を確保するのです。

いまや土木建設工事のガードマンと化した警察は、本来の職務遂行の立ち位置を逸脱して政治利用されているとしか言えない状態です。警察法の第二条にこうあります。「警察の活動は、厳格に前項の責務の範囲に限られるべきものであつて、その責務の遂行に当つては、不偏不党且つ公平中正を旨とし、いやしくも日本国憲法の保障する個人の権利及び自由の干渉にわたる等その権限を濫用することがあつてはならない。」

憲法にも警察法にも反した警察の行為に私たちは何度もそのことを指摘して抗議しましたが、彼らは全く聞く耳を持ちません。それでわかったこと、そういうことなのかと思わざるを得ないことは、現場の末端の警察官たちにとってのルールとは、憲法でもなく、法律でもない、上司の命令が唯一のルールなのだということでした。これは恐ろしい世界です。戦争ではまさに上官の命令で兵士たちは人を殺します。そのことに対して、命令に従う個人には仕方がないことだと心の中に言い訳を用意することでしょう。しかし、本当は個人の責任と良心が問われるのです。今は集団の中で命令に従う歯車であっても、いつか個人に戻る日が来ます。その時に、自分のしたことが良心に恥じない行為であったかが問われます。日本がアメリカの顔色をうかがって、住民の安全と貴重な自然を犠牲にしてで

も戦争準備のための環境作りをする、そのことに加担した責任が問われます。

高江の現場にやってくる市民たちはみな個人です。誰に命令されたわけでもなく、組織を背負っているわけでもなく、一人一人が決意して、やむにやまれぬ思いでやってきます。だから警察官たちにも個人として話しかけ、説得し、個人であることを取り戻すよう訴えます。その言葉の重み、切実さ、個性、深みは聞いていて圧倒されるほどです。政治的なアピールや党派的な演説では全くないのです。個人が歩んできた多彩な歴史から紡ぎだされる豊かな言葉が、向かい合う一人一人の警察官にぶつけられたり、そっと差し出されたりします。

建設現場のN1から県道とは反対側に約一

キロ進むとパイン畑、サトウキビ畑が広がる農道に出ます。この境目に通称「N1裏」テントがあります。今はこのテントの撤去をめぐる攻防になっています。連日一〇〇人規模の市民たちが入れ替わり、車中泊をしながらこのテントを守っています。周囲には人家も売店も、自動販売機も何もない場所ですから、泊まり込む人々はみな乗ってきた車で寝ています。先日はN1から山道をやってきた機動隊員五〇名が、いきなり雄たけびをあげながらこのテント内を通過していきました。テント撤去に向けての強行偵察だったのでしょう。ここでも緊張が高まっています。

8 辺野古裁判と高江　二〇一六年九月

政府が沖縄県知事による辺野古埋め立て承認取り消しは違法であると起こした訴訟は、九月十六日に福岡高裁那覇支部において判決が言い渡されました。予想されていたとおり、判決は国の言い分をそのまま認め、沖縄県知事による承認取り消しは違法であるというものでした。判決文は政府の訴状のコピー＆ペーストと言われるほど、そっくり政府の言い分をなぞったものだと言われています。普天間基地問題については辺野古移設が唯一の解決策であるというように、判決文の中に政治的な判断が盛り込まれ、しかも政府の主張をそのまま認めた形になっています。裁判所としての独立した司法的判断がなされたとはとても思えない、政府の主張に司法としてお墨付きを与えた判決となりました。

県はただちに上告し、最高裁の判決が出るのが年度末くらいと思われます。最高裁判決も政府が勝つような結果になるでしょう。政府に従属している司法に期待するところはありません。中学生の時に社会科で習った三権分立とは絵空事であることがよく分かります。

日本は民主主義国家、法治国家、三権分立であるなんて幻想なのだと思わざるを得ません。首相が国会で「私は立法府の長である」と繰り返し発言し、その間違いも訂正せず平然としている姿は本気でそう思っているのではないかと疑わせるに充分です。辺野古をめぐる裁判にも、政府に有利な判決を出してきたことが知られている裁判官を沖縄に着任させて万全の体制を取ってきました。これが三権分立だと教えられてきた日本という国の実態です。

名護市長選挙で基地建設に反対する市長が誕生しても、政府は工事の手を止めません。沖縄の民意はさらに知事選挙において、その後の衆議院選挙において、さらに参議員選挙においても基地建設反対であると示されました。しかし、どの選挙に勝っても沖縄の民意は政府に顧みられることがありません。日本は民主主義の国ではないのです。

高江では沖縄県警機動隊に加えて千葉、東京、神奈川、愛知、大阪、福岡から派遣された機動隊が法的根拠もないままに県道を封鎖したり、市民の通行を妨害したり、憲法はおろか彼らの行動規範である警察法にも違反した行為を繰り返しています。日本は法治国家でもないのです。

高江でこれほど機動隊を使って政府が工事を急ぎ、強行するのはなぜでしょうか。国会議員の福島みずほさんが国会で防衛省の答弁を引き出しました。高江における米軍のヘリコプター、オスプレイの訓練実態について質問したのです。防衛省の答弁はすべてについて米軍の訓練のことであるから把握していないというものでした。つまり高江の工事強行は米軍の訓練上、急がねばならないという理由ではないことが明らかになったのです。

そうなると政治的な理由しかありません。米国政府が望んでいると忖度したのか、実際に圧力があるのかわかりませんがともかく四ヶ所のヘリパッドを年内に完成させるために、政府はついに自衛隊のヘリコプターまで使って工事を強行しています。急いで高江を片付けて、そこに集中している五〇〇人以上の機動隊を辺野古の工事再開に振り向ける思惑もあるのでしょう。

高江ではついに初の女性逮捕者も出してしまいました。この逮捕に先立つ一〇日ほど前に現場で機動隊が「これからは女でも容赦しないからな」と言ったことが伝えられていましたから、狙っていたのでしょう。不当逮捕ですらない、でっち上げによる逮捕が続いています。

法律にも期待できない、司法にも期待できない、怪我をさせられておまわりさんも呼べない（怪我を負わせているのが警察官ですから）、ただただ剝き出しの力をもって政府が襲いかかってきているのが辺野古であり高江です。これに立ち向かう私たちが使えるのは、知恵であり、一人一人が自分の頭で考えることであり、しなやかさであり、そして人間としての尊厳です。

9

不当な逮捕・拘留　二〇一六年十月

沖縄の新聞では一面を使って大きく報道されたことですが、高江の工事現場で抗議する市民に向かって大阪府警の機動隊員が「土人」だの別の隊員は「シナ人」だのと暴言を吐いた出来事が起こりました。これはたまたま物事をわきまえない末端の隊員がやってしまった過失ではないと思います。警察の教育がそのようなものであり、警察組織そのものがそのような考え方に支配されていると言えます。

大阪府警機動隊員の母親の言葉が紹介されていました。「息子は、沖縄の暴動を鎮圧しに行ってくる、と言って出かけました」と。現場の実情がいかにその言葉と違うか説明しても、母親はやはり息子を信じていたそうです。また、高江の現場に停めてあった警察車両の中には「ゲリラ対策車運行日誌」なるものが置かれていたのを見た人もいますし、これは写真にも撮られています。そうした決めつけと沖縄に対する差別意識が警察全体にあるからこそ、あのような暴言が出てくるのです。

政府はオスプレイパッドを何としても年内に完成させようと工事を強行しています。その工事強行に抵抗した沖縄平和運動センター議長の山城博治（やましろひろじ）さんが逮捕・拘留されています。さらに「共犯者」として神奈川の若い牧師も逮捕されました。神奈川県警、沖縄県警の捜査員一五人もが家宅捜索に入り、そのまま逮捕されて沖縄にまで連れてこられました。

彼は自身が信じるイエス・キリストがそうであったように、苦しむ人々の側に立ち、その痛みを自分の痛みとして受け止め、辺野古、高江にかよってきてくれました。沖縄が戦後ずっと負わされてきた過重な基地負担に心を痛め、止むに止まれぬ思いをもって新基地建設に反対の声を上げ、また抗議行動に加わってきました。県民の八割を超える人々が反対している高江のヘリパッド建設、辺野古新基地建設。政府は沖縄の民意を押しつぶして基地建設を強引に進めてきました。そこに最大の暴力があります。裁かれるべきはその暴力です。

その巨大な暴力が押し寄せてくる現場で、小さな衝突が起こってしまうこともあります。その現象だけをとらえて、公務執行妨害、傷害罪を並べていくことは運動への弾圧にほか

歌って踊って基地建設阻止。

なりません。たびたび繰り返される警察官や海上保安官による暴力は、救急搬送されるほどのけが人が出ても「適切な警備」とされてしまいます。警察、検察は裁く相手を間違っています。私が属している日本キリスト教団沖縄教区としてもこの問題に抗議し、この不当な逮捕、拘留を直ちに解いて釈放することを求めています。

辺野古でもかつて牧師が逮捕されたことがあります。それは二〇〇六年のことでした。キャンプ・シュワブゲート前での座り込みに際して公務執行妨害ということで名護警察署に留置されたのです。多くの人がそのことに抗議するため名護署前に集まりました。その時、一人の牧師がアピールした言葉が忘れられません。「聖書の言葉に生きる牧師、キリスト者にとって平和実現のために活動することは神が命じている公務です。逮捕された牧師はその公務を行なっていたのです。牧師の公務執行を妨害したのはむしろ警察のほうです」と。聞いていた多くの人が「うまい!」と喝采を送ったのですが、この言葉は皮肉でも屁理屈でもないと思います。

また平和実現のために行動することはキリスト教の専売特許でもありません。この十月には「辺野古新基地を造らせない島ぐるみ宗教者の会(島ぐるみ宗教者の会)」が発足しました。この会は沖縄のキリスト教、仏教、沖縄固有の神人(かみんちゅ)などが、辺野古に新基地を造らせないために一致して取り組みをなしていこうという組織です。四日には「辺野古高裁判決の意味と、緊迫する高江の行方」と題して緊急学習会を行ない、今は力を高江に集中しようということで、今後高江での共同行動を展開していくことになりました。沖縄では様々な市民グループが辺野古で、高江で抗議の声を上げていますが、宗教者としてもそれぞれのスタイルで基地建設反対の意思を表していくだけでなく、宗教の違いを超えて共に行動する仲間たちが一つになろうとしています。

10 キリスト者の平和活動　二〇一六年十一月

辺野古の新基地建設阻止における象徴的な人物で「嘉陽（かよう）のおじぃ」と親しまれ尊敬されてきた嘉陽宗義（かようむねよし）さんが十一月三日に亡くなられました。九十四歳でした。嘉陽さんは太平洋戦争時に徴兵されて南洋諸島で重傷を負い、戦争のむごさを体験したことから、一貫して反戦平和を呼びかけてこられました。一九九六年、米海兵隊普天間基地の移設先が辺野古にという案が浮上した当初から基地建設反対の意志を示し、闘ってこられました。

一般メディアには全く取り上げられないことですが、嘉陽さんは辺野古の海でバプテスマを受けたクリスチャンです。しかし、当時属していた教会が嘉陽さんの反戦平和の言動を良しとしなかったことから、出席できる教会がないままになってしまいました。ですから、平和への取り組みをしている牧師や信徒が尋ねて行くことを本当に喜んでおられました。

二〇〇八年には日本聖公会の青年たちが全国から一〇〇人以上も集まり、辺野古の浜で嘉陽さんご夫妻を中心にして礼拝を行ないました。その時の嘉陽さんの素敵な笑顔が忘れられません。嘉陽さんはユーモアの人でもあり、いろんな場面で周りの人たちを和ませてくれました。たとえば、鳩山元首相が辺野古に来られ、嘉陽さんにも直接謝罪したことがあります。公約で「普天間基地は最低でも県外へ」と約束したことを守れなかったことを謝ったのです。嘉陽さんは、公約を守らなかったことで〇点だったけれど、こうして謝りに来てくれたから五〇点あげる、と。近くにいた海の仲間で大学教授でもある人が「大学で五〇点だとまだ落第なんだけどなあ、せめて六〇点にしてあげないと」。などという場面もありました。

辺野古の座り込みテントでは毎年、年越しのイベントを行なっています。嘉陽さんは辺野古新基地建設が白紙撤回されたら、このイベントの時に牛を一頭つぶしてプレゼントし皆で食べるのだとずっと言ってくれました。それが実現されないうちに召されてしまったのは本当に残念です。もちろん牛を食べそこなったからではありません。嘉陽さんが生きておられる間に基地建設断念を勝ち取りたかったと思うのです。

嘉陽宗義さん。

辺野古の活動を支える精神的な柱と仰いできた人がいます。それは阿波根昌鴻さん（一九〇一～二〇〇二年）です。伊江島で米軍による強制土地取り上げに遭い、農民のリーダーとして土地を取り戻す活動を粘り強く展開した人です。それは徹底した非暴力によるものでした。米軍と交渉する際に皆で守ろうと「陳情規定」を作り、そこに非暴力の具体的な道が示されています。私たちはその精神を受け継いで非暴力に徹しているのです。たとえば、米軍と相対する時には手を耳より上に上げないとか、交渉する時は必ず座って話をする、生きていくために不可欠の土地を奪った米軍であるのに反米的にならない、嘘や悪口を言わないなど、そのまま今の私たちの行動規範としていることを実践してこられました。けれどもそれは圧倒的な力を持つ相手に対して卑屈になることではありませんでした。

「人間性においては、生産者であるわれわれ農民の方が軍人に優っている自覚を堅持し、破壊者である軍人を教え導く心構えが大切である」という、ここに示された精神の気高さをもってしなやかに闘っていこうと心がけています。

　伊江島土地闘争のリーダー、沖縄のガンジーと称される阿波根さんですが、彼がクリスチャンであることはあまり注目も言及もされていません。しかし、養女の謝花悦子（じゃはなえつこ）さんが教えてくれたのですが、阿波根さんは新約聖書コリントの信徒への手紙一三章「愛は忍耐強い。愛は情け深い。ねたまない。愛は自慢せず、高ぶらない。礼を失せず、自分の利益を求めず、いらだたず、恨みを抱かない。……」。この章全体を自筆した紙を折りたたんで胸ポケットに入れ、一日に何度もそれを取り出しては読んでいたというのです。これを何十年も続けたのが阿波根さんです。

　私は晩年の阿波根さんにしか会っていません。実に柔和で穏やか、ユーモアに富んでいて大声を上げることなどない人格者だと思いました。けれども若い頃の阿波根さんには激しい一面もあったようで、一九六〇年代に伊江島に米軍のミサイルが配備されようとした時に、そのことに抗議し結局米軍は諦めてミサイルを持ち帰りました。謝花さんのお話では、ミサイルを積んだ船が見えなくなるまで岸壁で阿波根さんは叫び続けたというのです。

私が会った頃の阿波根さんからは想像しにくい姿です。阿波根さんは何十年もかけて聖書の言葉によって自分の人格をつくり上げていった人なのだと、謝花さんの言葉から納得しました。暴力的な機動隊や海保と対峙していると、こちらの気持ちもささくれだっていくようなことがあります。そんな時こそ、この阿波根さんの姿勢を心によみがえらせていかなければならないと思っています。

11　オスプレイ墜落　二〇一六年十二月

十二月十三日夜、名護(なご)市安部(あぶ)の海岸から数十メートルしか離れていない海に、米海兵隊のＭＶ22オスプレイが墜落しました。この事故を政府や、沖縄以外の多くのメディアは「着水」「不時着」と報じ、中には「不時着水」などという耳慣れない表現までありました。これらすべては事故を重大なものではないと印象付けるための操作だと思います。パイロットが機体を制御できていたのであれば、プロペラは上を向いた状態、つまりヘリモードでゆっくり降りることができます。それならば不時着と言えるでしょう。しかし、海面に突き出たプロペラの残骸は前を向いています。それはオスプレイが飛行モードのまま制御を失って海岸近くに堕ちたことを示しています。墜落です。

私たちが何年も前から恐れていたことが現実になってしまいました。墜落地点から安部

墜落したオスプレイ。突き立っているのはプロペラの残骸。

の集落までは六〇〇メートルしか離れていません。数秒遅ければ大惨事になっていたところです。十三日の夜はオスプレイが二機、夜間の空中給油訓練をしていたといいます。そのうちの一機が墜落。そしてもう一機は普天間（ふてんま）基地まで戻ったものの胴体着陸をするという、これまた重大事故を起こしています。

　米軍はこれらの事故が機体の欠陥によるものではないと早々に結論付け、事故からわずか六日後にオスプレイの飛行を再開させました。政府もそれをあっさり容認。しかも空中給油訓練を除くと説明したにもかかわらず、実際に米軍はこの訓練も含めて再開しています。このことに関する政府の釈明はいまだにありません。

　このように沖縄では県民の生活と命をおび

やかす出来事が日常化しています。

実戦には使えないということでアフガニスタンでのオスプレイ稼働率は一パーセント台。米陸軍やイスラエルも導入をキャンセルしたオスプレイを日本政府は自衛隊用に一七機、三六〇〇億円で購入することを決めています。今でもオスプレイは訓練ですでに県外を飛んでいますが、これから自衛隊機として日本中の空を飛ぶことになります。

沖縄には四十一の市町村がありますが、そのすべてでオスプレイ配備反対が決議されたにもかかわらず、二〇一二年十月に二十四機が配備されてしまいました。百パーセントの民意があっても聞き入れられないのです。この民意を受けて九月二十九日、配備予定の普天間基地を市民が封鎖しました。普天間基地には四つのゲートがあります。そのすべてを自動車と座り込みによって封鎖しました。

それまでも嘉手納(かでな)基地包囲や普天間基地包囲という行動はなされたことがあります。人間の鎖で基地を取り囲むのです。でもそれは抗議の意志を示す穏やかなものでした。嘉手納基地は三万人以上が、普天間基地でも二万人弱の人々が取り囲んで手をつなぎ人間の鎖をつくってきました。その実態は一〇分間の鎖を何度か繰り返すというものでしたし、基地を出入りする車があれば通していました。ところがこの二〇一二年は完全な封鎖なのです。

九月二十九日は沖縄を台風が直撃した日です。私も県外の友人から大丈夫ですかと心配され、「こんな日に外に出るなんてバカなことをしない限り大丈夫ですよ」と軽く答えて間もなく、「普天間基地を封鎖するけど出られる？」と電話があり、暴風雨の中を出かける羽目になりました。道にはドラム缶が転がり、大木が倒れ、屋根一枚分のトタン板が地面を激しくたたいているようなところをよけたり、駆け抜けたりしながら向かいました。最後にはなんて馬鹿なことをしてるんだろうと笑えてきたほどです。

普天間基地も台風対策としてすべてのゲートが閉鎖されていました。台風が過ぎてこのゲートが開く前に行動しようと、集まった人たちが車をならべてゲートをふさいでしまいました。沖縄の歴史の中でも市民が米軍基地を封鎖するというのは初めてのことだと思います。車に乗ったまま夜を明かし、翌日の昼過ぎから百名以上の機動隊による排除が始まり、封鎖は丸一日でこじ開けられてしまったのですが、これで実感したことがあります。米軍は世界一強い軍隊だと自負していますが、その米軍の基地も沖縄では警察に守ってもらわなければ一日たりとも機能を維持できないということです。

この時以来、普天間基地にある二つのゲート前では様々な形で市民による抗議活動が続けられています。そのうちの一つにキリスト者が中心になって毎週月曜日の夕方に行なわれている「普天間基地ゲート前でゴスペルを歌う会」があります。基地の滑走路から三百

メートルしか離れていない普天間バプテスト教会の神谷（かみや）武宏（たけひろ）牧師が中心となってこの活動は継続されています。始められた当初の目的は、米軍兵士たちも知っているであろう讃美歌を、また彼らが故郷の教会で歌っている讃美歌を、基地の外から歌うことで、私たちもあなたがたと同じ人間なのだということを伝えるためでした。もちろん兵士のすべてがそうだとは思いませんが、基地の外にいるのは黄色い猿だぐらいにしか思っていない彼らにとって、その猿が自分たちと同じ讃美歌を歌っているのは驚きでしょう。これは尊厳の主張でもあったのです。

ただ、現在ではこの集いの意義も少し変わってきています。何年か経つうちにこの集いに連帯して日本の各地でゴスペルを歌う会が始まりました。東京で、神奈川で、大阪で、兵庫で、岡山で、福岡で、一〇ヶ所近くにのぼっています。それを受けて今では全国的な連帯の核となっていくことがこの集いの新たな意義とされています。

12

海の闘い再び

二〇一七年一月

最高裁で沖縄県知事が負けました。前知事による埋め立て承認を取り消した現知事の取り消しは違法であるという判決です。これによって県は埋め立て承認取り消しの「取り消し」通知を防衛省あてに郵送しました。それが届いたのが十二月二十七日の昼頃です。それを受けて沖縄防衛局は二十七日の午後から、辺野古埋め立て工事を再開しました。海では工事エリアを仕切るフロートやオイルフェンスの引き出し準備が始まりました。海上保安庁の浮桟橋も同様に準備し始めました。

このため辺野古海上行動も十二月二十六日から再開しています。三月に工事が中断されて、四月にはフロートもすべて撤去。臨時制限水域は解除されませんでしたから、そこに入ると警備会社であるマリーンセキュリティの船が警告してきますが、しかしフロートのない海を自由に航行できたこの八ヶ月でした。それがまたあの醜いフロートによって海が仕切られていくのかと思うと暗澹たる気持ちになります。

二〇一四年八月から一年半共に闘った仲間たちが、二十六日には続々と集まってきて、それはそれで嬉しい懐かしい再会であったのですが、迎える事態の厳しさを思うと喜びも半減します。私は二十六～二十八日に三日連続で海に出ましたが、特に二十八日は工事作業も仕事納めということで、私たちの海上行動も年内最終日となりました。朝から午後までフロートを浜に並べて、年明けには引き出す準備が続けられ、その間私たちは海から監視、抗議を続けました。強風波浪注意報が出る中、カヌーメンバーも船の仲間も波に揺られ、寒さに震えながら五時間以上粘りました。

こうして辺野古の海に出る生活が八ヶ月ぶりに再開しました。年末に辺野古の工事再開を受けて、海上行動も再開。年明けと共にそれは厳しさを増しています。今まで再三、海に張ったフロートを私たちが乗り越えていくものですから、沖縄防衛局が考えたのはとんでもないしろものです。この一ヶ月でほぼ張り終えた「新型フロート」は二種類。ひとつはフロート数個おきに長さ一メートルほどの鉄の棒がつけられ、そこに三段でロープを通すようにしてあります。

よくこんなことを考えるなあと、その悪知恵にあきれるばかりですが、同時にこんなもので沖縄の自然を乗り切れるのだろうか、特に台風などにはひとたまりもないのではないかと危惧していましたら、台風どころではなく一月の強風にも耐えられず、あちこちでロ

鉄の棒をつなぐロープが張られた新型フロート。

ープは切れる、フロートごとひっくり返るものが続出していて、また別の意味であきれました。こんな鉄棒付きですから通常のフロートよりも設置に大幅に時間を要し、私たちが作業阻止できた部分はわずかであったにもかかわらず、予定の期間を相当超過しているようです。

もうひとつの種類は辺野古崎と長島（ながしま）の間に張られたフロートで、こちらは二重のネットを張っています。これもネットを固定するためにフロートに木枠を取り付けていますが、見るからに不安定なものです。どれもこれも船やカヌーがフロートを越えていくのを阻むために考案されたものですが、それだけ余計な時間も費用もかかり、私たちの阻止行動がその都度は海保に阻まれて、目に見える効果はないようであっても、このように余計な手間暇をかけさせるだけの成果が上がっていたということなのでしょう。

一月、二月は沖縄といえども海は寒いです。カヌーメンバーはしぶきを浴びたり直接海水に浸かったり、濡れた体を寒風にさらされたりと、過酷な状況に耐えながら頑張っていますし、船も風としぶきは一日中浴びています。朝七時には集合して海に出て、たいがいは夕方四時頃まで粘りますから、八～九時間は冬の海の上にいることになります。

それでもここに基地を作らせてはならないとの切なる思いをもって、仲間たちは集まってきます。

13　やんばるの森が殺される

二〇一七年二月

一月二十九日、私がおります佐敷教会で劇団「石（トル）」のお芝居が公演されました。団長のきむ　きがんさんが脚本、出演の一人芝居で、タイトルは《「想」Ｓｏｕ。～あの空の下の叫びは、この空の下にもつながっている～》。

やんばるの森、高江に生きるヤンバルクイナ、ノグチゲラ、ヤマガメ、ハブたち動物の物語。生物多様性の宝庫やんばるの生き物たちの日常と、その日常を破壊するオスプレイ低空飛行、ヘリパッド建設のことを描いています。

私は県外からのグループをガイドすることも多いのですが、先日もある団体を辺野古、高江に案内しました。その折に、高江の自然を解説してくれたのが蝶を中心にした生物研究者の宮城秋乃さん（アキノ隊員）です。まっすぐ歩けば一分くらい、五〇メートルほどの

距離を一時間かけて様々な生き物を教えてくれました。
リュウキュウキノボリトカゲ、オキナワシリケンイモリ、を見つけてさわったり、クロマダラソテツシジミやクロセセリの幼虫に食べられた葉の跡、本州のカブトムシの亜種であるオキナワカブトムシが木肌を掘って樹液を吸った跡、ノグチゲラが掘った木の穴、イノシシが歩いた跡、ヤンバルクイナの鳴き声など、説明してもらわなければ何一つ気がつかずに通り過ぎてしまうところに、こんなに豊かな生き物たちの痕跡があるのかと驚きと感動の連続でした。
ヘリパッド建設に伴って二万四千本もの木が伐採され、古代から営まれてきた命の連鎖が断ち切られてゆくことへの痛みと、人間の

愚かさ、傲慢さを覚えずにはいられませんでした。きがんさんも、高江でそうした命の豊かさに触れ、それらの命をいとおしみ、命が奪われていくことへの悲しみ、怒りをこのお芝居に込めました。

きがんさんは滋賀県を拠点に全国各地でお芝居を公演しています。その代表作は一人芝居「在日バイタルチェック」。自分のおばあさんの在日朝鮮人一世としての半生を描いたお芝居です。二〇一四年以降ほぼ毎月一回は辺野古、高江に来て座り込みに参加しながら歌でみんなを励ましてくれています。沖縄に来たら必ずひとつ歌を作るというさがんさんは、今では辺野古でも高江でもなくてはならない存在になっています。特に一月はまるまる一ヶ月滞在して私たちの仲間として一生懸命取り組んでくれました。

二十九日当日は一〇〇人を超える人たちが集まってくれて、座る場所もなくなるほどでした。子どもも二〇人は来てくれたと思います。その子どもたちをきがんさんは劇中でカエルや蝶やヘビなど、いろんな役割を当てて参加させ、観客も一体となった舞台でした。「心が洗われる思いがしました」という感想や、「高江の森の生き物を描いた物語はほのぼの始まり、あのチェーンソーの唸りと切り倒される樹々の姿を僕の中に蘇らせ、森が殺された今に至って息苦しいまま終わった。これはまだ第一幕。この後にどんな物語が続くのかは、まだ誰も知らない。どんな未来を紡ぐのかは、僕ら一人ひとりにかかっている。」のように、現場に深くかかわってきた人のズシリとした感想もありました。

佐敷教会が辺野古や高江を初めとして、平和に関わる様々な芸術の発信地として活用されていけば、教会の働きもますます豊かなものになっていくでしょう。

14 県外各地との連帯も　二〇一七年三月

二月十三日から妻の両親がしばらく来てくれました。父の國分賢司さんは「辺野古に土砂を送らせない山口のこえ」の事務局を担当。母の國分美知子さんは防府バプテスト教会牧師。妻・國分美生の入院手術に備えて来てくれたのですが、入院前日には妻が操縦する「不屈」に一緒に乗って抗議行動に参加してくれました。

辺野古の海を埋め立てるために日本各地から土砂が運ばれてくる予定です。そしてその各地では辺野古に連帯して、自分たちの土地から土砂を運び出させない取り組みがなされています。辺野古に直接来てくれて行動に参加してくれるのも嬉しいですが、このようにそれぞれの地でできる取り組みをしてくれることは、広がりの面から言っても力強い励みになります。義父のいる山口では黒髪島と向島の二ヶ所の採石場から土砂が運び出される

HH
HH

YAMAHA
26
260-

ことになっています。

幸い妻の手術は無事に終わり、二月二十四日には退院できました。今のところガンの転移もないということですが、ここから十年の治療が始まります。

こんなこともあって、辺野古も少しお休みしましたが、二月十八日の海上パレードには参加してきました。船団一〇隻に六〇数人が乗り込み、カヌーは二二艇、瀬嵩(せだけ)の浜には二〇〇人を超える人たちが集まり、新基地建設に抗議の意思表示をしました。神奈川から山田啓人牧師も来て、船に乗ってくれました。

当日はロープの張られた新型フロートを逆手にとって、そのロープに横断幕を何枚もくりつけるという仕方でアピールし、陸上と呼応して新基地建設を許さない多くの人の声を響かせました。フロートにロープが張られていますから、警備の海上保安庁も警備会社の船もすべてフロートの内側から出てくることはできません。パレードが終わったあと、船団のリーダーが海上保安庁に対して「あなたがたも参加したかったでしょう!」と、皮肉でも嫌味でもなく、本気で語りかけていたのが印象的でした。

15
大浦湾の破壊

二〇一七年四月

大浦湾(おおうら)では二月に入ってから、日本最大級の大型掘削船がやって来て、二〇一六年で終わらなかったボーリング調査を継続しています。さらに一五トンのコンクリートブロックを二二八個積んだ台船およびクレーン船も入って来て、連日コンクリートブロック投下を繰り返しています。これは前知事の時代に許可した岩礁破砕を拡大解釈した行為で、現知事は中止指令を出していますが、防衛局はおかまいなしに作業を進めています。日本政府の「沖縄県民に寄り添い、丁寧に説明をしながら進める」という公言とは裏腹に、現地では力ずくの作業強行です。

キャンプ・シュワブゲート前でも座り込む人々を機動隊が力で排除して工事車両を基地内に誘導しています。高江と同様、ここでもダンプカーの道路交通法違反がたびたび確認されています。違法な改造や表示義務違反などのダンプを警察は取り締まるどころか、逆に護衛して長時間の交通渋滞すら引き起こす始末です。

辺野古の埋め立て工事にはこの先、名護(なご)市長や沖縄県知事の許可を必要とするハードルがいくつもあります。普通に考えれば、このままでは暗礁に乗り上げることが目に見えています。しかし、政府は市長、知事の権限の及ばない部分からどんどん作業を進めていって、後戻りできない環境を既成事実として作り出そうとしているように見えます。来年、二〇一八年には名護市長選、そして沖縄県知事選があります。ここで現職が負けるようなことがあれば事態は一気に逆転し、政治的に工事を止めることは難しくなるでしょう。この一年は現場での取り組みと共に、選挙に向けて世論の盛り上がりと大きな流れを作っていかねばなりません。

新基地建設工事は今までより一歩進んだ段階である護岸工事に伴う汚濁防止膜の設置が行なわれるようになりました。それは海面から七メートル垂れ下がったカーテンのようなものですが、長さ数百メートルにわたって何本も張り巡らされました。この防止膜を固定するために一五トンのコンクリートブロックが二二八個も運び込まれ、連日数個ずつ海に投下されました。当然、海底の岩やサンゴを破壊します。ですから前知事の時代に政府は岩礁破砕許可を申請し、了承を得ています。その有効期限がこの三月三十一日で切れました。それ以降、同様の工事をするには新たに岩礁破砕許可を申請しなければなりません。

ところが政府はそれを必要ないと言うのです。なぜなら名護漁業協同組合がこの海域の漁業権を放棄したからだそうです。しかし、実際は漁業権に関する最終的な権限は知事にあります。知事が認めて初めて漁業権がなくなったことが確定されるのです。しかし、政府は漁協の決定だけで充分だと強弁し、許可申請なしで工事を進行すると言います。

今までほかの地域の埋め立てに関してはきちんと行なっていた手続きを、この海域についてだけやらないのです。これは全く違法な工事です。菅官房長官は度々「日本は法治国家ですから」と言いますが、この新基地建設に関しては、不法、違法、無法状態で工事進行第一です。知事がコンクリートブロック投下に対して中止指示を出しているにもかかわらず、全く聞く耳を持ちません。そしてその違法な工事を強行するために、警察機動隊、海上保安庁が現場の市民を排除、拘束、逮捕しています。政府がこの工事のために費やしている警備費用は一日当たり一七〇〇万円を超えています。べらぼうな金額だと思います。しかも私たちの税金から使われているのです。

このような力ずくの弾圧に抵抗して、キャンプ・シュワブ前の座り込みは四月一日で千日目を迎えました。また、浜のテントでの座り込みは四七三二日目です（二〇一九年一月三十一日時点で五四〇一日）。時に暴力にさらされながら、これだけの日数を諦めずに抵抗し続けてきました。

それはこれからも続くでしょう。「勝つ方法は諦めないこと」。確かにそうです。辺野古に集う誰一人諦めていません。政府がどれほど力とお金を使おうが、このような私たちの思いを打ち砕くことはできません。

16

海上保安官とこんなやり取りも

二〇一七年五月

辺野古新基地建設は本格的な埋め立てに向けて、その直接的な段階である護岸工事に入ろうとしています。海中に石材を投下する準備が進められる中、そのための汚濁防止膜が二ヶ所に設置されました。それに対しても抗議の声を上げてきましたが、特に四月十三日は厳しい状況が続きました。

長島（ながしま）付近の大浦（おおうら）湾で汚濁防止膜が敷設されようとするのに対し抗議しましたが、私たちの船に対して海保が乗り込んできました。ほかの船もみんな乗り込まれました。

不屈には三人の隊員が乗り込んできましたが、そのうちの若い隊員が不屈のハンドルを握りました。乗りこまれた後は私が自分の船を操縦できず、海保が代わりにその船を操縦するのです。この若い隊員は先輩らしき隊員から「大丈夫か？」と聞かれ、「はい！　頑張ります！」と答えていました。

健気というか危なっかしいというか。岩礁はすぐ近くにあるし、風も波も相当強いなかで、すぐ前のカヌーを見落としているので、「前あぶない！　さがって！」……「ぼくがやろうか？」と言ってみたら、「はい、お願いします！」と。

「この船は難しいですね」とその隊員に言われて複雑な思いです。日頃、仲間の船長たちからも「不屈は難しい」と言われているものですから。小柄な人には前方がほとんど見えない、ハンドルやギアレバーが固い、キャビンという構造物があるせいで風の影響を非常に受けやすい、ほかの船とはハンドル、レバーの位置が逆で戸惑う、というようにいろいろありますが、海のプロである海保にまで言われると、難しい船というお墨付きをもらってしまったような気分です。

さて、抗議の現場から相当離れた場所まで行くと、そこで解放されるのですが、一度降りていった海保が、離れたと思ったらまたすぐに彼らの船を寄せて来ました。そしてその艇長が呼びかけてくるのです、「船長さん、もう一回乗っていいですか？」と。思わず笑ってしまいました。さっきは否も応もなく力ずくで乗ってきたのに、今度は乗っていいですかって？

自分が責任をもって船長をしている船に無理やり乗り込まれることを嫌がる仲間の船長

は多いです。暴力的に舵輪を奪おうとする海保もいますから無理もありません。しかし、私は乗り込まれた時がチャンスだと思っています。そんな時に互いに人として話ができるからです。

ですから、こんな展開も面白いと思って、「どうぞ」と言ったら艇長が一人で乗り込んで来ました。「どうしたんですか?」と聞くと、「(無線で)もっと乗ってろと言われたものですから」と。正直な彼。

それからしばらくの間この艇長と話をしました。先日衛星放送で海保の訓練生のドキュメンタリーを観ました。三ヶ月で世界一周する幹部養成の過酷な訓練です。その話をしたら、「私も乗りましたよ」と。

「ああいう、すごい訓練をして、さらに潜水士(海猿)になるにはもっとつらい訓練をするんでしょ?」

「はい、地獄の三ヶ月を経験しました。ですから船長さん、海で何か危ないと思ったらいつでも言って下さい。必ず救助に来ますから。私らはプロなので、その時には命をかけますから」

このように連日抗議する相手を規制し、時には力ずくで拘束する仕事をしている同じ人が、私たちを救助するために命をかけるというのです。救助のプロとしての誇りを強く印

カヌーに飛びつく海保。

象づけられました。「海難救助のプロとしての皆さんを、お世辞じゃなく本当に尊敬しますよ。だからこんなところで、こんな形で向き合うなんて、ぼくらも残念ですよ」と言ったら彼はうなずきました。その時かすかに見せた微笑みの意味は謎のままです。こういう救助のプロたちを埋め立て工事のガードマンのようにして使う政府が間違っていると本当に思います。彼らには救難のプロとしての誇りを傷つけない仕事を与えられるべきでしょう。

大浦湾で抗議行動をしている時にこんなこともありました。私たちの行く手にはオイルフェンスという直径五〇センチくらいの筒が浮かべてあってバリケードの役目を果たして

向っていくTさんから後ずさっていく海保。

います。それを一〇艇ほどのカヌーチームが一斉に乗り越えて抗議をしに行きました。中では海保の警備艇が何隻も待ち構えていて、次々にカヌーを拘束し、カヌーメンバーを警備艇に乗せて遠く辺野古の浜まで連れて行き、そこで解放するのです。私はカヌーサポートの船でしたので、その様子をオイルフェンスの外から見守っていました。

現場の混乱がおさまった頃、ふと横を見ると、その時にやっとオイルフェンスを越えることができたメンバーが一人いるではないですか！　若く力のある人ならともかく七十代の男性にとってフェンスを越えるのは一苦労です。「Tさん、もう終わっちゃいましたよ。みんなもう辺野古の浜まで運ばれていってます。そこまで不屈で送りましょうか？」と言うと、「いいの、いいの、タクシーで帰るから」と。「タクシーで？？？」

　何のことかと見ていると、Tさんは中に向かって漕ぎ始めました。中にはまだ海保の警備艇が数隻警戒しています。その一隻がマイクで「それ以上進まないでください。進むと必要な措置を取る！」と言いながら後ずさりしていくのです。かまわずTさんは進みます。海保はアナウンスしながら下がっていきます。しまいにTさんは両手を差し出して「捕まえて」という仕草をし出しました。この頃には船で見守っていた私たちは大爆笑です。「見て、見て、海保の腰が引けてる！」と。とうとう、念願がかなってTさんは警備艇に確保され、浜まで護送されていきました。タクシーで帰るってこのことだったのねと、さらに爆笑です。以前に警備艇に乗せられたカヌーメンバーが別の場所に運んでほしいと言ってみたところ、海保から「私たちはタクシーじゃない！」と断られたことがあったのを思い出しました。Tさんは見事に彼らをタクシーにしてしまったのです。

17 亀さんの背中に乗って　二〇一七年五月

先日、五月十九日に京都府の亀岡市に行ってきました。「沖縄連帯！ 亀岡市民のつどい」で辺野古の報告をするためでした。会場は一〇〇人を超える参加者で埋め尽くされ、関心の強さ、沖縄に連帯する熱い思いを感じ、励まされました。ところで、この集会の案内を載せてくださった「憲法九条守ろう亀岡の会」会報に、《辺野古抗議船「不屈」船長来亀》との見出しがありました。亀岡に来るのですから来亀というのでしょうが、その表現がユーモラスに思えて微笑んでしまいましたが、それで連想したのが瀬長亀次郎さんです。生前、愛情と敬意を込めて亀さんと呼ばれていた瀬長さんです。

「この沖縄の大地は、再び戦場となることを拒否する。基地となることを拒否する。あの紺碧の空、サンゴ礁に取り囲まれたあの美しい海。沖縄県民の手に帰って初めて、平和な島が、沖縄県の回復ができるんだということを二十六年間、叫び要求し続けてきた」

復帰二年前の一九七〇年に国会議員になった瀬長亀次郎さん（一九〇七～二〇〇一年）が、国会で沖縄の思いをこう訴えました。基地のない島への希望があったからこそ、人々は「亀さんの背中に乗って、日本に帰ろう」を合言葉に、祖国復帰運動に励みました。しかし、この願いは裏切られ米軍基地は今なお七〇パーセントも沖縄に集中しています。

この瀬長亀次郎さんも先に述べた阿波根昌鴻（あはごんしょうこう）さんと並んで、辺野古での活動における精神的支柱とされてきた人物です。保守革新、右左を越えて今なお最も尊敬されている政治家といえば瀬長さん。米軍占領下時代から一貫して民衆の側に立ち続け、米軍の弾圧にも屈しなかった瀬長さんはついに米軍による冤罪被害者となって二年間刑務所に収監されます。それでも解放後は那覇市長、沖縄初の衆議院議員として活躍しました。

瀬長さんが生前好んで色紙などにもよく書いたのが「不屈」という言葉です。私が責任を持っている抗議船「不屈」はここから命名しました。阿波根さんの非暴力と瀬長さんの不屈、その二つを背骨にしてしっかり立って、基地建設を食い止めていきたいと思ったからです。船名には不屈という言葉だけでなく、瀬長さんが書いた字をそのまま使わせてもらいました。それには瀬長さんの関連資料を展示している資料館「不屈館」の館長で、瀬長さんの次女でいらっしゃる内村千尋（うちむらちひろ）さんのお許しをいただきました。内村さんは快諾して下さいました。

その内村さんが言われるには、「みんなは瀬長亀次郎が不屈の人だから、この言葉を座右の銘にしているのだと思っているけれど、父は県民の闘いが不屈だからこの言葉が好きなのだと言っていました」とのこと。一人が不屈なのではなく、みんなが不屈。抗議船「不屈」に乗っていると警備会社の船が呼びかけてきます、「不屈の皆さま、そこは臨時制限水域ですからただちに退去してください」と。彼らは私たちに「不屈の皆さま」と言わなければならないのです。これからもみんなが不屈で頑張っていきたいと思います。

それにしても辺野古、高江に顕著に表されているのは沖縄を踏みつけにし続ける日本政府の姿です。いま私たち沖縄県民は、亀さんの背中に乗ってどこへ向かえばよいのでしょうか。「日本を出よう」という声もだんだん聞こえてくるようになりました。

しかし、他のどこかへ向かうのではなく、ここを私たちの手で竜宮城（＝理想の世界）にするために踏みとどまりたいと思います。そのような沖縄に連帯するとは、痛められ続ける沖縄を可哀想に思って、助けてあげようということではありません。沖縄には「可哀想」に相当する言葉がありません。他人事として同情する表現がないのです。他の人が痛みを覚え、苦しんでいる時は自分もまた、自分のこととして心も体も痛むのです。それを表現したのが「肝苦りさ（ちむぐりさ）」という言葉です。旧約聖書で「わがはらわた痛む」（エレミヤ書三・

九、文語訳）と表現された、人間に対する神の共感共苦に通じるものがあると思います。沖縄に肝（ちむ）を通わせあっていく、そんな連帯で結ばれていきたいと願っています。

2014年「不屈」の進水式で山田牧師と共に。

18

慰霊の日　二〇一七年六月

六月は沖縄にとって慰霊、追悼、平和を誓う月です。六月二十三日「慰霊の日」、沖縄戦が一応終わったことを覚えて、この日は官公庁も学校も休みになります。しかし、二十三日は日本の八月十五日のようにはっきりとした終戦記念日ではありません。二十三日というのは沖縄守備軍の牛島（うしじま）司令官が自決した日で（実際は二十二日という説もあります）、この日をもって日本軍の組織的な戦闘は終結したとされています。ただ、牛島司令官は最後の命令を全軍に下しており、そこには最後の一兵となるまで戦えと記されました。そのため、軍の作戦行動は終わりましたが、散発的な戦闘、ゲリラ戦的な抵抗はずっと続いていきます。もっともこの最後の命令が全軍に確実に伝わったかは不明で、各地の部隊、個別の兵士たちが独自の判断でその後も戦闘を続け、あるいは投降したとも言われています。日本軍として正式に降伏文書に署名したのは九月七日、宮古島に配備されていた守備軍の司令官、能見(のうみ)中将が自決した牛島司令官に代わって署名しています。この能見中将も十二月には自決。

では沖縄の住民にとって戦争はいつ終わったのでしょうか。私は数年前、大学の授業で学生に八月十五日は何の日か聞いてみたことがあります。五〇人くらいのクラスで答えられたのは二～三人でした。しかも自信無げにです。あとの学生は知りませんでした。学生が無知なのではありません。沖縄にとって八月十五日は何の意味もない日だからです。全県的な行事があるわけでもなく、新聞も扱いは小さいものです。沖縄で暮らし始めて、八月十五日が何でもない日ということに最初は驚きを覚えました。

沖縄戦の地上戦が開始されたのは一九四五年三月二十六日の慶良間(けらま)諸島、四月一日の沖縄島上陸からです。そして、その時点で米軍に捕らえられ、あるいは保護された住民たちがいます。この人たちは民間の収容所に入れられ、彼らにとっての戦後生活が始まります。こうした状態が十月くらいまで続きましたから、住民にとって戦争がいつ終わったかは、自分がいつ収容所に入れられたかで個人差ができます。六月二十三日でもない、八月十五日でもない。一人一人が固有の終戦体験をしているのです。

私が勤めている沖縄キリスト教平和総合研究所の所長である大城実(おおしろみのる)牧師は、十歳で沖縄戦を体験、戦場をさまようなかで重傷を負い、米軍の野戦病院に収容されて左足を切断し、かろうじて一命をとりとめました。しかし、ベッドに寝かされていた八月十五日、外で米兵たちが戦争は終わったと大騒ぎし、空に向けて拳銃や小銃弾を打ち上げていたさなか、流れ弾が胸に当たって昏倒するという経験もしています。米兵にとっては終戦でも、大城牧師にとって戦争はまだ終わっていなかったのです。

　このように個別バラバラの終戦日ですが、一九六一年に米軍統治下にあった当時の琉球民政府が六月二十二日を「慰霊の日」と定め、これは一九六五年に六月二十三日に改められました。復帰後は一九七四年に制定された「沖縄県慰霊の日を定める条例」によって定められています。

　この日には摩文仁（まぶに）の平和祈念公園において県主催の「沖縄全戦没者追悼式」が行なわれ、今年も首相をはじめとして政府関係者も多数参列しました。内地の報道ではほとんど取り上げられていないと聞きましたが、首相は遺族、参列者からは冷ややかに迎えられ、今年も「帰れ！」との声が飛びました。

　一方、翁長（おなが）県知事の言葉は式辞でも、追悼の言葉でもなく「平和宣言」でした。首相の空疎な言葉とはちがい、知事はこう言及しました。

「特に、普天間飛行場の辺野古移設について、沖縄の民意を顧みず工事を強行している現状は容認できるものではありません。

私は辺野古に新たな基地を造らせないため、今後も県民と一体となって不退転の決意で取り組むとともに、引き続き、海兵隊の削減を含む米軍基地の整理縮小など、沖縄の過重な基地負担の軽減を求めてまいります。」

ここで追悼式としては本当に異例のことですが大きな拍手が起こりました。知事は辺野古埋め立て差し止め訴訟を起こすことを決めました。多くの県民の思いを背負って知事が決断し、行動していることへの信頼が追悼式での拍手にあらわされたのだと思います。

戦没者、戦争犠牲者の追悼をし、慰霊するということは現在未来の平和を願うことであり、戦争につながる一切の備えを拒否することでもあります。ですから同日の午後に「魂魄（こんぱく）の塔」横で市民が開催する「国際反戦沖縄集会」は、慰霊と平和構築が切り離せないことを示すために二十三日に行なう意味があります。この日、私たちは「国々はもはや戦うことを学ばない」との旧約聖書・イザヤ書の言葉に従い、具体的に平和を造っていくこと、軍事基地をなくしていくことへの決意を新たにするのです。

海外から参加した女性平和運動団体。

19
海上大行動
二〇一七年七月

今年の四月二十五日、辺野古新基地建設にかかわる護岸工事が着工されました。大浦湾の端に位置するK9護岸の工事です。この日からちょうど三ヶ月目にあたる七月二十五日、辺野古では海上座り込みの大行動が行なわれました。

カヌー七〇艇に漕ぎ手が八四人、船は九隻に約六〇人が乗り込み、合計で一五〇人弱が辺野古の浜に近い工事現場沖に展開して抗議行動を行ないました。こんなに多くのカヌーと人が海に出るのは辺野古の海上行動始まって以来のことです。これにはカヌーリーダーの熱い思いがありました。

日頃の行動で海に出るカヌーは一〇～一五艇です。この規模ですとどんなに頑張っても工事現場に近づくこともできません。はるか手前に張られたフロートやオイルフェンスを越えたところで海保に拘束されてしまうからです。

リーダーのNさんは四月の工事着工の時からカヌーが一〇〇艇いたら工事を止められるのに、ぜひ一度それを実現したいと周りに働きかけ始めました。こうして三ヶ月かけて様々な準備がなされてきました。各地からは手書きのゼッケンが寄せられ、海外からも数か国からメッセージが届けられました。いつもは日曜日のみ行なっている初心者向けのカヌー教室も直前の一週間は毎日開かれました。基本的なカヌー操作だけでなく、安全管理、緊急時の対応など一通り習得してからでないと抗議のカヌーに乗ってもらうわけにはいかないからです。

七月二十五日は火曜日で平日です。この日に合わせて県内外の人たちが駆けつけてきました。なかには八年ぶりという懐かしいカヌーメンバーもいました。このようにして八四人もの人がカヌーに乗るために集まったのです。

これだけのカヌーが散らばっている光景は壮観で感動的でした。私はたいてい現場で撮った写真をスマホでフェイスブックに投稿していますが、この日の投稿につけられたコメントには、「現場にいたら、感極まって泣いちゃったかも」というのや、「もう胸が熱くなって泣いています！」というものもありました。

そしてこの日、工事は行なわれませんでした。作業員や海保が陸上に控えているのが見

えました。しかし、作業はしようとしませんでした。この日は完全に作業を食い止めたのです。しかもフロートを越えてもいない、その外側で抗議していただけです。これだけの人数がいれば危険を冒さずとも、工事は止まるのです。それが確かだということがよくわかりました。

一方、船では船長たちが天気を気にしていました。朝から雷注意報も発令されており、晴れているもののいつ天候が急変するかわかりません。スマホの雨雲レーダーを見ながら、海上の風向きとは逆方向に近づいてくる黒雲をも監視しながら、ひんぱんに無線で連絡を取り合い、安全管理に気を使っていました。

そして九時から始まった海上行動は十時半の時点で船長たちの協議で中止にしました。

カヌーの安全を見守りながら船団もすべて辺野古漁港に引き上げました。その途端です。雨が降り始め、それはやがて豪雨になりました。絶妙なタイミングだったと思います。午後からも天候の回復は望めないということで、この日の海上行動はこれで打ち切り、午後からは辺野古の浜で二百人を超える集会を開きました。この時も集会の間だけ雨は止んでくれました。人が大勢いれば工事は止められる。しかも安全に楽しく止められることを確信しました。

この前日、七月二十四日には沖縄県知事が国を相手に埋め立て差し止め訴訟を起こしていました。新基地建設をめぐって再び法廷での闘いになります。現場に人がいなければこのような展開にはならなかったでしょう。辺野古に連帯する人々が増やされていくためにも、世論が喚起されていくためにも、そして行政が動いていくためにも、現場での取り組みは不可欠だと思います。知事および県の闘いを後押しするためにも、現場の海上行動、ゲート前の座り込みにますます力が込められるでしょうし、より多くの人たちが結集してくれるでしょう。

政府は既成事実を積み上げて、工事はもう後戻りできない、反対しても無駄であるとの印象操作を行なっています。しかし、実際のところ工事は中断しています。何も諦めることはありません。熱意と笑顔と希望でもって今後もねばり強く行動していきます。

20
進む護岸工事

二〇一七年九月

辺野古新基地建設の一環である護岸工事はN5、シアター前とも私たちは言っていますが、そこでの工事が連日進められています。抗議行動もここを中心に行なわれています。仮設道路が海岸から海にかなり突き出てきました。先日もカヌーと船で抗議に行きました。カヌーは朝から午後四時近くまで、合計四回も海に張られたオイルフェンスを乗り越えて抗議に入り、その都度海保に不当拘束され、辺野古の浜まで連れ戻されるということを繰り返しました。中に入った数艇のカヌーに対して海保の警備艇が高速で接近し、保安官が飛び込んでカヌーを拘束するのです。

そんな中でも面白い光景がありました。水深が人の腰くらいのところまで到達できたカヌーをつかまえようと、立って待機していた保安官が追いかけますが腰の深さのところをどんなに走ってもカヌーには追いつきません。別の保安官が泳いで追いかけますが、これもカヌーにはかないません。高速の警備艇もこの水深のところまでは入ってこられません。何名もの保安官を手玉に取るように動き回るカヌーに胸のすく思いがしました。

しかし、キャンプ・シュワブゲート前の頑張りにもかかわらず、連日一〇〇台規模でダンプが入っていますから、海岸には砕石と砂の大きな山ができています。これを使って護岸工事は着々と進み、海は壊され続けています。

そんな現場のすぐ近く、N5とK1の間で絶滅危惧種のサンゴが発見されました。そこは滑走路として埋め立てられる予定の場所です。防衛局はこの珊瑚の移植許可を県に求めました。おかしな話です。というのも、発見されたのは直径九センチほどの珊瑚です。今までK9の護岸工事では海に一〇〇メートルほど仮設の護岸が突き出ていますが、この工事の際には珊瑚をつぶそうがおかまいなしでした。それがなぜ今になって九センチの珊瑚を移植するのに県に許可を求めるのでしょうか。

おそらく県の許可をお墨付きにして、辺野古崎周辺の珊瑚を一掃してしまう狙いがあるのではないか、だから県は簡単に許可を出してはいけないと海上行動グループは声を上げています。また最近、長島(ながしま)のすぐ近く、大浦湾(おおうら)側の水深六〇メートルあたりから活断層が走っているのがわかりました。そういえばその付近でのボーリング調査は一年以上かけて行なわれ、しかもまだ終わっていないのです。海底地盤の軟弱さに加え、活断層まで発見されて、これはもう巨大建造物である滑走路など作るのは無理だと思うのですが、その声はまだ政府からは聞こえてきません。

この現場で十月二十五日に今年二回目となる大々的な海の座り込みが予定されています。七月二十五日に続いての計画です。参加を募集しています。

九月二十七日は旧暦八月八日、沖縄ではこの日にトーカチのお祝いをします。これは数え年八十八歳のお祝いで内地では米寿のお祝いですね。辺野古の座り込みの象徴的な人物である島袋(しまぶくろ)文子(ふみこ)さんが今年数えで八十八歳になられ、二十七日にキャンプ・シュワブゲート前で盛大なお祝いがなされました。参加したのは約四〇〇人。名護(なご)市長まで来て祝ってくれたり、沖縄の代表的な唄者(うたしゃ)、古謝美佐子(こじゃみさこ)さんも来たり、沖縄の祝い事では必ずと言っていいほど幕開けに「かぎやで風(ふう)」という古典音楽が演奏と共に歌われ、数人が舞う習慣がありますが、この日の舞は三〇人！　というすべてに破格の盛大さでした。午前十一時から始まったお祝いは午後二時まで続き、その間は作業車両、ダンプもやってきませんでした。お祝いに配慮したのでしょう。終わったら早速やってきて、ゲート前の日常に戻りました。

沖縄戦で壮絶な体験をくぐり抜けてこられ、体には米軍の火炎放射器で焼かれた跡がまだ残っている島袋文子さんは、毎日ゲート前の座り込みに参加し、体を張って命をかけて基地建設を食い止めようとしています。そんな文子さんだからこそ四〇〇人もがお祝いに駆けつけたのです。それは辺野古に基地を作らせないとの決意を改めて確かめ合う場でもありました。

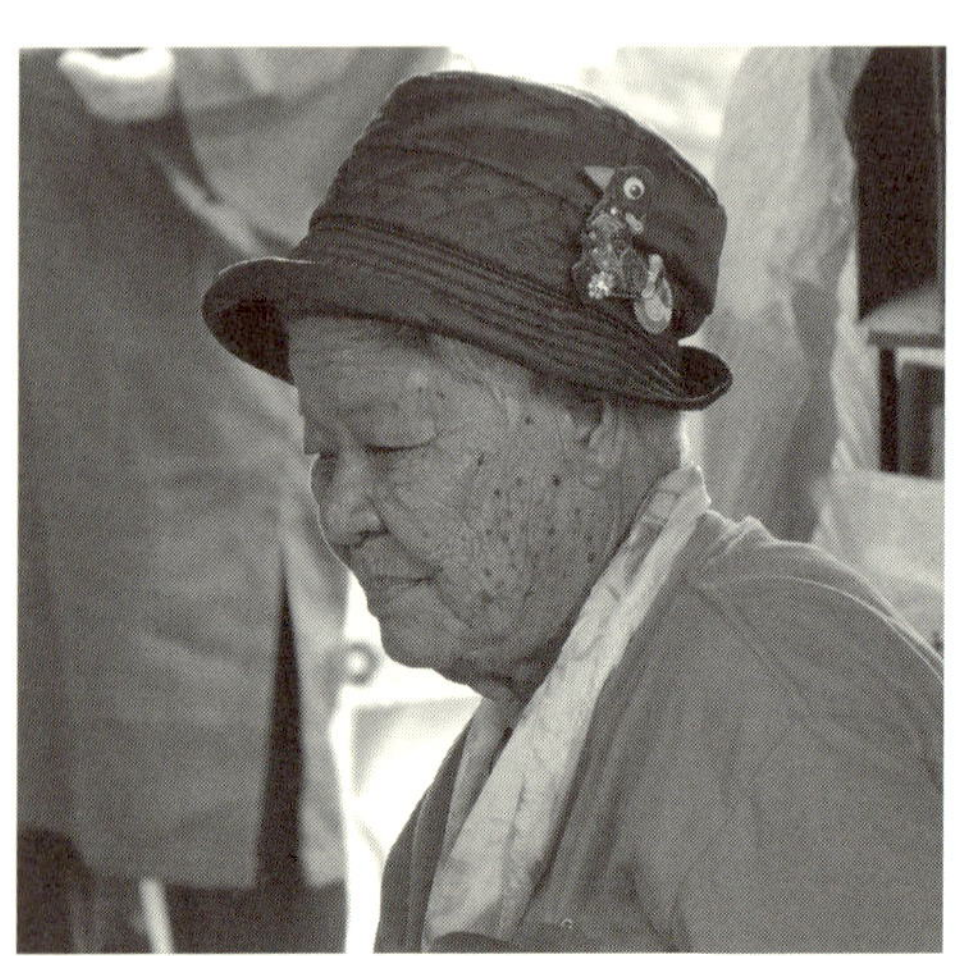

400人以上に祝われた島袋文子さん。

21

二つの平和賞と沖縄

二〇一七年十一月

ドイツ・ベルリンに本部を置く国際平和団体「国際平和ビューロー」は十一月二十四日、スペイン・バルセロナで今年のショーン・マクブライド平和賞の授賞式を行ない、沖縄の新基地建設に反対する政党や団体でつくる「オール沖縄会議」に授与しました。国際平和ビューローでは、オール沖縄会議の活動を「不撓不屈（ふとうふくつ）の非暴力闘争」と称賛して満場一致で授賞を決めたそうです。

この平和賞は、国際的な人権組織アムネスティ・インターナショナルの創立に関わり、長く代表も務めた故ショーン・マクブライド氏の功績をたたえて一九九二年に創設され、平和や軍縮などの分野で活躍した個人・団体に贈られてきました。日本の団体としてはこれまでに日本原水爆被害者団体協議会（二〇〇三年）、平和市長会議（現・平和首長会議、二〇〇六年）が受賞しています。

また、日米両政府が強行している米軍新基地建設に反対し、海上やキャンプ・シュワブゲート前での抗議・監視行動に取り組む「ヘリ基地反対協（海上ヘリ基地建設反対・平和と名護市政民主化を求める協議会）」に韓国のカトリック団体の「正義平和賞」授賞が決まりました。

これは一九七〇年代の韓国民主化運動にかかわったカトリック司教、故・池学淳（チハクスン）氏をたたえ一九九七年に設立された財団法人「チ・ハクスン正義平和基金」の第二十一回チ・ハクスン正義平和賞です。

同賞は国家の民主化と改革、人類の平和、国際平和秩序のための連帯活動の先頭に立ってきた個人や団体に与えられる賞で、日本の団体が受賞するのは初めてのことです。同基金は十一月二十日、ヘリ基地反対協に対し「貴団体が、辺野古海上基地の建設に抵抗し、海上阻止行動を二十年間持続しており、いかなる厳しい状況にも沖縄の平和、自然、自尊心を守るという熱意に変わりがない事実に感銘を受けました。これに対する感謝の気持ちでこの賞を授与したいと思います」との授賞理由をメールで通知してきました。授賞式は年明け一月に訪問団が来沖して辺野古で実施される予定です。授賞式が韓国ではなく海外の現地で行なわれるのも初めてのことだそうです。

このようにダブル受賞と言ってもよいタイミングで二つの国際的な平和賞をいただいた

ことは、沖縄における非暴力抵抗の取り組みを世界が認め評価したということだと思います。日本の片隅で一部の反対派が過激な暴力運動を展開している、というデマが今でもインターネットではしつこく拡散されています。しかも座り込みや海上行動参加者は日当をもらっているのだとも。沖縄県警はこれがデマであることをはっきり認めていますが、県外から派遣されてくる海上保安官の中には信じている人もいて驚きました。「あなたかたは日当をもらっているからこんなに一生懸命やるんでしょう?」と。

もらうどころか、みんな自費で辺野古までやってきます。船長たちは海上行動に必要な個人装備はみんな自費でそろえています。日常生活では全く使わないものです。この辺野古に新基地を作らせてはならない、軍事基地がもたらす戦争の加害者側に立ちたくない、どんな命も殺されてはならない。その思いでここに集まり、非暴力で平和を造るという困難な課題にずっと取り組んできました。

暴力を使えたら気持ちの上では楽かもしれません。警察や海保に暴力をふるわれてやり返したら、その瞬間だけはスッキリするかもしれません。しかし暴力はさらなる暴力を生むだけで、何の解決にもなりません。そのことを自分にも言い聞かせて忍耐してきました。まさに苦難は忍耐を、忍耐は練達を、練達は希望を生む(新約聖書・ローマの信徒への手紙五章)ことを体験を通して実感してきたと言えます。

正義平和賞授賞式のために来られたチ・ハクスン正義平和基金の皆さん。

さまざまなデマと誤解は絶えませんが、しかし確実に辺野古の非暴力の取り組みは、賛同し連帯するためにここに目を向ける人、足を向ける人を生み出してきました。その波は海外にまで及び、今までも多くの海外メディアが取材のために辺野古にやってきました。こうしたことの一つの結実として今回の平和賞受賞になったのだと思います。

もちろん、国際的に評価されなくても私たちはこの非暴力の道を信じて取り組み続けますが、今まさに進行中のこの時に評価されるのはやはり嬉しいことです。そのことによって、辺野古に足を運ぶ人がもっと増えて、けが人も逮捕者もなく基地建設工事を食い止められると期待できるからです。辺野古は特殊な場所、政治的に偏った運動、こわいところ、中心に居るのは県外の「プロ市民」などといった誤解、偏見、先入観でためらっていた人たちにとっても、壁が低くなるのではないでしょうか。

今も連日二〇〇台近くのダンプカー、ミキサー車などが砕石、砂利、コンクリートを運び込んで護岸工事が進められる現場で、何とか工事を食い止めたい、少しでも遅らせたいと抗議し、座り込む人々の輪にあと一〇〇人が加わってくれたら、安全に工事を止めることができます。

わたしがあなたに与える命令は平和
あなたを支配するものは恵みの業。
あなたの地は再び不法を耳にすることなく
破壊と崩壊は領土のうちから絶える。

（旧約聖書イザヤ書六〇・一七～一八）

違法な工事によって海が破壊され続けているこの辺野古で、そして有無を言わさぬ権力が支配しつつある日本で、この神の命令を心に刻みたいと思います。私たちに命じられているのは平和であることを。

22　いのちのバトン　二〇一七年十二月

十二月、仲間であり愛すべき先輩の船長さくらさん（通称）が病気のために亡くなりました。肝臓がんを患い、一昨年には十六時間にも及ぶ大手術をくぐりぬけて復帰し、その後も入退院を繰り返しながら辺野古に足を運び続けてきました。権力がきらい、規制されると逆らいたくなる反骨精神の持ち主で、口の悪さのかげにこまやかな思いやりを秘めた人でした。

十二月十六日、辺野古の海に多くの仲間たちが船とカヌーで出航。海上でさくらさんの追悼を行ないました。私が祈りをささげ、皆が花を一輪ずつ工事現場海域に手向けました。さくらさんが何としても食い止めたかった基地建設、その思いを共有する仲間たちがさくらさんの願いと情熱を花に託して海に投じました。ここにはキリスト者が多くいるわけではありません。しかし、皆が祈りに心を合わせてくれました。というか、皆から牧師の祈りをしてほしいと言われたのです。牧師としてここに参加していることの意味と意義を皆から教えられた思いがします。

私がこの運動に参加してから十年、この間にかけがえのない先輩、海の仲間がもう一〇

人も天に召されていきました。陸の座り込みを含めたらその数はもっと多くなります。そしてどんなに頑張っても工事は進められていきます。そんな目の前の現実に打ちのめされそうになる時、最後まで諦めなかったこの人たちの姿を思い起こします。それで直ちに勇気が湧いてくるわけでもないのですが、この人たちが携え走ってきたバトンは確かに手渡されている、受け取っているのだという事実が身を引き締めます。

辺野古・命を守る会代表の金城祐治さん（七十二歳）二〇〇七年五月十九日
辺野古の漁師で唯一反対行動を共にした島袋利久さん（五十五歳）二〇〇八年九月八日
平和市民連絡会代表で座り込みテント村村長の当山栄さん（七十歳）二〇一〇年十二月
五日
ジュゴンネットワークの土田武信さん（六十七歳）二〇一〇年十二月二十一日
平和丸船長でヘリ基地反対協共同代表の大西照雄さん（七十歳）二〇一三年六月十九日
辺野古座り込み、海上行動、高江座り込みの佐久間務さん（七十二歳）二〇一四年四月
七日
なずき丸船長の染谷正圀さん（七十二歳）二〇一四年十月十九日
座り込みの象徴的人物嘉陽宗義さん（九十四歳）二〇一六年十一月三日

初期のころからのカヌーメンバー宮城節子(みやざせつこ)さん(六十九歳)二〇一七年四月六日
船長さくらさんこと渡部有幸(わたべゆうこう)さん(六十八歳)二〇一七年十二月十一日

うろたえてはならない。おののいてはならない。
あなたがどこに行ってもあなたの神、主は共にいる。
(旧約聖書ヨシュア記一・九)

聖書はこう命じているのですが、それは時に重荷となることもあります。ですから、この言葉を私はこう読み替えています。うろたえてもいい、おののいてもいい、どこに行ってもどんな時にも主は共にいる、と。辺野古の現場で毎回あまりにも大きな力の差を見せつけられ、どんな励ましの言葉も力を持たないとき、うろたえても、おののいても、それでも主は共におられるという使信、そしてバトンを手渡された事実はぎりぎりのところで踏みとどまる拠り所となっています。

もうひとつ、最近知った言葉ですが、東ティモール独立運動をテーマにした映画「カンタ! ティモール」に登場する歌い手アレックスの言葉を紹介します。この映画の上映にかかわっており、年に何回もカヌーメンバーとして県外から来てくれる野川未央(のがわみお)さんに教えてもらったものです。ここにも友がいる、そんな思いを与えられたメッセージです。

たとえ仲間が一〇人にしか見えなくて
対するものがあまりに大きく見えても
いのちがよろこぶ仕事には
亡くなった人たちも
生まれてくる人たちもついている
それは一〇〇〇どころじゃないんだ
ぜったいに大丈夫だから
恐れずに進んでください

途中でいのちを落とすことが
あるかもしれない
それでも大丈夫だから
恐れないで

心細くなったときは

思い出してください
東ティモールのことを

僕たちは小さかった
あの巨大な軍隊を撤退させるなど
「奇跡」だと笑われた闘いでした

それでも軍は撤退した
夢でも幻想でもなく
これは現実に起きたこと

見えない力が僕らを支えてくれたから
どうか信じて進んでください

23

空から降るのは雨ではなく　二〇一八年一月

十二月七日、普天間基地のすぐ近くにある緑ヶ丘保育園の園舎に米軍ヘリからのものと思われる落下物がありました。円筒形の硬質プラスチックで、屋根に大きなへこみをつくり、そこにとどまっていました。あと二メートルずれていたら、園庭で遊んでいた子どもたちの頭上に落ちていたというきわどい状態でした。この保育園は普天間バプテスト教会の付属であり、牧師は普天間基地ゲート前でゴスペルを歌う会のリーダーです。この日、牧師から落下直後に電話がかかってきて、私もすぐ現場に行きました。牧師は警察対応、次々にやってくるマスコミ対応に追われ、少しでも助けになればと思ってお手伝いをしました。

この保育園は普天間基地の滑走路から二〇〇メートルしか離れておらず、ヘリもオスプ

トタンの上の円柱形の物体が落下物。

レイも園の真上を超低空飛行するのが日常になっています。それは定められた飛行コースではありません。日米協議で真上は飛ばないと約束されているにもかかわらず、米軍機は全く無視して飛びます。当日もヘリの爆音が真上から聞こえた直後に園舎の屋根にものすごい音で何かが落ちてきたということです。その同じ時間、沖縄県が設置した監視カメラには園の真上を飛ぶ米軍ヘリが録画されており、落ちた物体も米軍のものであることを米軍は認めました。しかし、それがヘリから落ちたのだということは否定するのです。その時から園に対して心無いヘイト攻撃が始まりました。「デマ」、「自作自演」などというメール、電話が相次ぎ、事故で不安と恐怖を覚えていた保護者や牧師に追い打ちをかけました。

ただ驚いたことにそうした攻撃以上に全国から励ましのメールや、段ボール箱いっぱいのお菓子や果物、文房具などが続々と寄せられ、大いに皆を勇気づけました。園では父母会が署名活動を始め、今では六万筆を超えた署名をもって二月中旬に首相官邸に要請に行くことになっています。

こんな大事故が起きたわずか六日後、今度は普天間基地に隣接する普天間第二小学校の校庭に米軍ヘリの窓枠が落下し、小学生が一人けがをしています。親御さんの中には上の子が普天間二小、下の子が緑ヶ丘保育園という人も数人います。一週間の間に自分の子どもが二人も命の危険にさらされたのです。その恐怖はどれほどのものでしょう。また別の親御さんは自身が大学生時代にあの沖縄国際大学ヘリ墜落事故を経験した人もいます。沖縄の日常は明らかに異常な世界なのです。

事故後から活発に活動を続けている父母会ですが、決して最初から一貫して力強かったわけではありません。今まで普天間に生まれ育って基地があるのが当たり前、爆音はうるさいけれど意識の外に追いやって生活してきた親たちは、ここが命の危険にさらされている異常な場所であることを思い知らされ、かつてやったこともない署名活動、街頭でのアピール行動、メディアでの発言を始めました。すさまじいヘイト攻撃にもさらされ、三度「心が折れた」と言います。もうこんなの続けられない、やめようと。その都度園長である牧師に申し出て、牧師は親たちの気持ちを知っていますから、「いいですよ、ここまで本当によく頑張りましたね」とねぎらった翌日、「やっぱり、もう少し続けてみます」と、気持ちを奮い立たせる、そんなことが三度もあって親たちは強くなりました。

私の妻はこの保育園で働いており、日々子どもたちの様子や親御さんたちのことを聞いています。子どもたちは明らかに変わったといいます。不安や恐怖が日常生活に影響を及ぼしているそうで、それを聞くだけでも心が痛みます。

そして今も米軍ヘリは私たちの頭上を飛び続けています。国会で野党議員が相次ぐ事故について政府見解を問いただしたところ、自民党議員席から「それで何人死んだんだ」とヤジが飛ばされました。これが政権の本音なのだと思います。何人死ねば政府は本気になって米軍機の飛行停止措置に踏み切るのでしょうか。今は要求しているだけです。米軍は聞き入れず飛行継続しています。そんなに遠くない先に本当に人が死ぬ。これが一連の事故に危機感を覚えている県民に共通した認識です。

24

二つの市長選・敗北と勝利　二〇一八年二月

二〇一四年八月十四日の朝、辺野古の海（大浦湾側）は異様な光景でした。海上保安庁の大型巡視船が一三隻集結し、高速艇が三〇隻以上、警戒船を入れると一〇〇隻近い船で海が埋め尽くされました。この日から辺野古の新基地建設が始まったのです。大浦湾の沿岸に住むお年寄りたちの中には沖縄戦を経験した方々もおられます。一九四五年四月一日、読谷（よみたん）の沖合に押し寄せた連合軍の艦船を見たことのある人たちは、「また戦争が始まった」と言いました。「前はアメリカが攻めて来たけれど、今度は日本が攻めて来た」とも。

私は戦争を経験していませんが、この日の朝、心に浮かんだのは同じような思いでした。これは建設工事などではない、日本という国が牙をむいて沖縄に襲いかかってきたのだと。

その日、初めての海上行動に出られたのは船が三隻、カヌーはたったの五艇でした。それに対する警備が一〇〇隻。いったい何を警備するというのでしょうか。大型の巡視船には機関砲や重機関銃が装備されています。そのような武器を搭載した艦船が一三隻も押し寄せてきたのです。まさにこれは戦争だ、と思いました。

今年二月四日に投開票された名護市長選でも同じようなことを感じました。日本の政府は総力を挙げて名護をつぶしにかかってきたと。もう一地方都市の市長選挙などではありませんでした。政府対市民の闘いであったといってもよいでしょう。国の補助金を受けず、自力で経済を立て直し、県で最悪だった失業率（ということは日本一）も最下位を脱するほど健全な市政を導いてきた稲嶺市長を落選させるなんて、名護市民はどうかしているという声が県外から聞こえてきます。しかし実際はあの海を埋め尽くした艦船のように、圧倒的な物量で攻めて来た日本政府が名護の民意をねじ曲げてしまったのです。

だから私たちは意気消沈していません。ますます闘志をかきたてられています。ここまでやる政府に絶対に負けないと。市長に頼れなくなったからには、今まで以上に知恵も力も出し合って何としても辺野古の海を守ろう、平和を造っていこうと思いを新たにしています。

一方、私が暮らしている南城市では一月二十一日に市長選が行なわれ、新人の瑞慶覧長敏氏が大接戦の末六五票差で勝利。三期十二年続いた現職を破りました。現職だった

古謝景春氏は前回選挙無投票というように絶対的に優勢な立場にあり、南城市自体が保守的で無風地帯のようなところでした。しかし、三年前に公立保育園民営化をめぐって反対する市民の会が立ち上げられてから、市政そのものに疑問を抱く市民が声を上げ始め、今回は市長選挙をしようという働きかけが草の根レベルでなされてきました。古謝氏は翁長知事に対立する「チーム沖縄」のリーダーで全国市長会の副会長。瑞慶覧氏は知事を支えるオール沖縄の候補でもありますが、今回の選挙はそのような対立の図式の中でのオール沖縄勝利というものではなかったように思います。

　本当に市民が主役の市政をしてほしいという素朴な市民の思いが、自発的な啓発活動を生み出したり、口コミの選挙運動につながっていきました。お金も権力もない市民の勝利だったのです。オール沖縄が南城市で勝ったから、はずみをつけて名護市でもと考えた人たちはそこを見誤ったのだと思います。

「チェンジ！　チャンス！　チョービン！」を掲げた選挙運動には政党でも団体でもない個人が集まり、特に女性たちの地道な取り組みが大きな力となりました。また建築現場で働く二十代の若者たちが、作業服のまま何か手伝わせてほしいと自発的にやって来るような選挙運動でした。黒塗りの高級車がずらりと横付けされる相手候補の選挙事務所に比べ、本当に質素な手作りの運動が新しい市長を誕生させました。

私もいくつか自発的に生まれたグループのひとつ、「東四間切（あがりゆまじり）市民の会」に加わって活動しました。南城市はいわゆる平成の大合併によって二〇〇五年に生まれた市です。佐敷（さしき）町、玉城村（たまぐすくそん）、大里村（おおざとそん）、知念村（ちねんそん）という四町村が合併したのですが、この四地域は琉球時代に東にある四つの間切り（行政単位）ということでひとつのくくりとして見られていたところでもあります。ですから東四間切とは南城市になるはるか以前、一五〇〇年以上も前にこの地域を指す名称として定着していたものだったのです。

沖縄で暮らし始めて十二年、合併前の各町村の人たちがそうであるように、私も南城市には全く帰属意識もなかったのですが、この選挙を通して「あがりゆまじり」の者であることを誇りに思うようになりました。市民がしっかり考えて立ち上がれば政治を変えることができる。南城市の主人公は南城市民である。そのことを本当にぎりぎりのきわどいところで勝ち取った南城市民は自信を持ちました。そしてこの街に対する責任を感じました。それは政府に対しても沖縄の主人公は県民であること、県民の大多数が心から同意しない限り新たな米軍基地などは建設できないことを突きつけていく力となっていくでしょう。

25 護岸がつながり海が死ぬ

二〇一八年五月

辺野古海域で進められている護岸工事はいよいよ大詰めを迎えようとしています。陸から海に延ばされた護岸、それが三本あって、それぞれの先端から工事は横に向かって進み、やがて護岸によって海は囲われてしまいます。そうなると囲われた内部の海は死にます。猶予はもう一〇〇メートルほどにせばまってきました。この便りが、読んで下さる方々に届けられる頃にはつながってしまっているかもしれません。

五月二十九日の夜は満月でした。この時期、大潮の満月の夜、珊瑚は一斉に産卵を始めます。この日もそれが見られたとの報告を聞きました。自然の豊かなサイクル、営みがここにあります。また辺野古の無人島である長島（ながしま）や、平島（ひらしま）にはオーストラリアから渡って来るアジサシが営巣を始めています。ここで子育てをし、ヒナが成長し、八月にはオーストラリアに帰っていくのです。辺野古の座り込みテントの前は遠浅の砂浜です。干潟といってもいいほど干潮時には二〇〇メートルほどが干上がります。そうすると黒ブドウに手足をつけたようなカニ、縦にも横にも歩くミナミコメツキガニが砂の中からいっせいに姿を現してきます。その数は一〇万匹ともいわれ、白い砂浜が黒い点で覆われてしまうような光景になります。

このような自然の営みが基地建設、完成によってすべて奪われるか、壊滅的打撃を受けるかの運命にあります。すでに影響は出始めています。工事現場から数百メートル離れたところでモズク漁をしている漁師さんが、「モズクが全く採れなくなった。タコもいなくなった」と現状を話してくれました。砕石投下による濁りのせいなのです。離れた場所でさえこうなのです。囲われてしまった海で生き残るチャンスはありません。すべて生き埋めにされてしまいます。埋め立て工事とは命の生き埋めです。工事が始まる前、何度も現場海域に潜って豊かな生態系を見てきただけに、間もなく閉じられようとしている死の護岸をただ眺めるしかないのは本当に辛いです。だから一分でも一〇分でも工事を遅らせたい、その思いで一日かけて抗議活動をするのです。

海に投下する砕石は連日ダンプカー三〇〇台近くが運んできますが、それに加えてダンプ一七〇〇台分の砕石を積んだ運搬船によって海路運ばれてもきます。それを何とか食い止めたいと、昨日は通常よりさらに早く、午前六時に集合して七時前には海に出ました。運搬船は八時には大浦湾に入ってきますので、それより前に抗議態勢を整えるためです。

　昨日は船とカヌーで運搬船の進入を一時間半遅らせることができました。こんなことが工事全体にどれだけの影響を与えるのか、否定的な感想も聞かれます。けれども精一杯やってこれなのです。そしてこんな小さな積み重ねがやがて大きな結果につながることを信じて行なうしかないのです。

　また、今回で三回目となる辺野古・海上座り込みが四月二十五日に実施されました。二〇一七年四月二十五日に護岸工事が始まったことを忘れないために、昨年は七月二十五日、十月二十五日に行なわれました。回を追うごとに参加者も増え、今回は目標であったカヌー一〇〇人を達成しました。一〇〇人が八三艇のカヌーに分乗し、抗議船は一一隻に一四〇人が乗って護岸工事海域で抗議の意志を示しました。

　時期を合わせてキャンプ・シュワブゲート前では四月二十三日から二十八日までの六日間、連日座り込み五〇〇人を目指す取り組みがなされました。こちらは目標を超えて毎日七〇〇〜八〇〇人が座り込みに参加しました。

　しかし陸上では警察機動隊が、海では海上保安庁がこの大結集を上回る体制で待ち構えていました。ゲート前ではいつもの三倍もの機動隊車両が座り込みをさせないように道路をふさぎ、現場から排除した市民たちを路上監禁場所に三時間以上も閉じ込めてトイレにも行かせない、監禁場所を作る車両はエンジンをかけっぱなしで閉じ込められた人たちに排気ガスを浴びせ続けるという、非人道的な仕打ちを連日繰り返しています。機動隊員が人の壁を作って市民を圧迫し、押し倒された人の下敷きになって七十代の女性が鎖骨と肋骨骨折全治一ヶ月という重傷を負わされました。この人は日本キリスト教団の信徒で指導的な役割を果たし、世界的にも活躍している人です。

海でも前二回はこの大行動の日には工事が止まっていましたが、今回は海上保安庁も三倍近い船舶と人員を配置して圧倒的な力で抗議を封じてきました。このように海でも陸でも市民がどれだけ大勢集まろうが断固として排除して工事を続行するという、政府の強硬な意志がむき出しにされました。海上の警備では二六億円もの水増し請求が警備会社からなされていたことが明らかにされました。これが明らかになった後も防衛局はこの会社への警備発注を継続していたのです。陸上でも道路交通法違反のダンプカーを警察は取り締まることもしません。

工事を進めるためになりふり構わず、法律違反であろうが工事をする側は自由で、一方、法的根拠は何もないにもかかわらず、警察も海保も市民を排除、拘束し続けています。民主主義も正義も人権も踏みにじられています。力こそが正義なのです。今の政府のやり方はどこでなされていることを見ても、この点で一貫しているのではないでしょうか。

これほどまでの強行に対する市民の抵抗はどのような姿をとっているでしょうか？　たとえば路上監禁場所の中ではミニライブが始まって、歌う人が登場します。監禁されている場所で一人芝居が始まったりします。どこまでもしなやかに意思を表していきます。こうした市民の姿勢や心まで政府は支配したり、挫いたりすることはできないのです。ここに小さいとはいえ、確かな希望があります。

26

差別を打ち破るものは　二〇一八年六月

毎年六月二十三日「慰霊の日」には、魂魄(こんぱく)の塔エリアにある広場で国際反戦沖縄集会が開かれ、今年で三十五回目になります。沖縄には沖縄県を除く四十六都道府県すべての慰霊塔があって、ほとんどが南部の摩文仁(まぶに)の丘か、この魂魄の塔周辺に集中しています。沖縄戦で亡くなった日本軍兵士六万六千名の出身地はすべての県に亘っており、したがってここに各県の慰霊碑、慰霊塔が集中することになったのです。ただ各県の慰霊碑のうち八割は沖縄戦だけでなく南方の島々で戦死した兵士をも含めて氏名を刻銘しています。

最も早くに建立されたのは北海道の「北霊碑」で、一九五四年に魂魄の塔の隣に建てられました。それ以降この周囲には広島県、和歌山県、大分県、香川県、東京都などの塔が建てられていきます。北海道が全国に先駆けて慰霊碑を建立したのは、日本軍戦没者のうち最も多い約一万人の戦死者を出しているからでしょう。

こうした各県の慰霊碑は統一性もなく、思い思いに作っていますから、素朴な魂魄の塔に比べると異様な感じすらします。かつてこれらの慰霊碑を見て歩いた芸術家の岡本太郎は辛辣な感想を述べています。これらの慰霊塔は正気とは思えないデザインだとか、無神経、グロテスクだと言って酷評しています。

無神経なのはデザインだけではありません。それぞれの慰霊碑には碑文が付属しています。それらを見ていきますと悲しみよりも憤りを覚えます。一〇万人も犠牲になった沖縄住民について全く触れていないからです。中には県出身の兵士を英霊と称えているものも少なくありません。住民が避難していた南部が戦場にされていく中で、住民は洞窟を日本兵に追い出されて砲弾、爆弾が降り注ぐ地をさまよわねばなりませんでした。住民、日本軍が雑居していた洞窟では子どもの泣き声がうるさいと死に至らされたり、捕虜になることを許されなかったり、生き残った住民の心に日本兵の残虐非道さが記憶に刻まれました。そのような県民感情を全く顧みることなく各県の慰霊碑は出身兵士のみに言及し、英雄と称えてすらいるのです。これがどれほど無神経なことか、どれほど沖縄県民の心を傷つけることでしょうか。

その中で唯一と言っていい例外は京都の塔です。場所も宜野湾（ぎのわん）市・嘉数（かかず）という他県とは離れたところにありますが、何と言っても碑の文章が違います。そこでは京都出身兵士の犠牲に触れつつ「多くの沖縄県民も運命を俱にされたことは誠に哀惜に絶えない」と、県民の痛みと悲しみをしっかり踏まえた言葉が綴られています。

さて、文頭に触れている魂魄の塔ですが、これは地域の住民が建てた納骨堂です。現在は那覇市に含まれる旧真和志村（まわしそん）の人々は沖縄戦当時、米軍の収容所に入れられ、解放された後は南部のこの地域に強制的に住まわされました。故郷の土地は米軍基地になってしまったからです。慣れない土地を開墾し、戦後の歩みを始めようとした村民たちの目の前に広がっていたのはいたる所に散乱していた遺骨です。まずそれを集めないことには畑も作れない状態で、しかし遺骨を集めることが反米行為だと思われてことは進みません。それを当時の村長が苦労して米軍と交渉し、やっと許可が出され、人々は集めた骨を一ヶ所に納めました。それが三万五千もの数にのぼり、穴を掘っただけのものから覆いを作って頂上に魂魄と書かれた石を据えました。これが魂魄の塔です。この地域には同様の住民によって造られた納骨堂、慰霊塔が数多くあります。その最大の規模のものが魂魄の塔なのです。

その傍らで今年も国際反戦沖縄集会が開催されました。三十五回目を迎えたこの集会はそもそも反ヤスクニ集会として始まったそうです。天皇のため国家のために戦って死んだ

左手前の素朴な魂魄の塔。右奥に見えるのが北海道の北霊碑。

軍人のみを神として祀り、その偉業を顕彰する靖国（やすくに）神社。多くの県の慰霊碑に見られる思想と同じです。それは新たな戦争に道を開く思想でもあります。この集会はそうした思想を拒否し、一人一人が大切にされる社会を作っていこうと、歌とアピールと現場報告がなされます。辺野古から、高江から、普天間からそれぞれの取り組みが紹介され、励まし合います。四月に辺野古の座り込みで鎖骨、肋骨三本を骨折した人が発言しました。医者によるとあと一ミリで骨がつながるとのことでしたが、「今日の集会でその一ミリがつながりました！」と。

折れた骨がつながるような集会。互いに勇気と希望をもらって私たちはそれぞれの現場に帰っていきます。みんな厳しい現場です。それでも希望を失わずに取り組んでいきます。諦めたらそこで終わりだからです。

もうひとつ、差別について考えさせられる集会がありました。五月十九～二十日、第十四回ハンセン病市民学会総会・交流集会が沖縄で開催され、県内外から五〇〇人を超える人たちが集まりました。私は今回から実行委員に加わり、あまりお役に立てなかったものの準備を一緒にしてきました。沖縄には北部の屋我地島（やがじしま）にある国立療養所・沖縄愛楽園（あいらくえん）と宮古島（みやこじま）にある国立療養所　宮古南静園（なんせいえん）の二ヶ所があります。全国どこでもそうなのでしょうが、沖縄でもハンセン病に対する差別は長い歴史があり、回復した人でもかつて自分がハンセン病だったことを口外できないのがほとんどです。

今回の市民学会が今までの他地域で開催されてきたものと大きく異なる点は、ハンセン病のことだけでなく辺野古の米軍新基地建設問題が取り上げられたことでしょう。リレートークに立った発言者六人のうち三人はハンセン病差別に対する取り組みと同時に基地問題にも関わっていることを紹介し、あとの三人は基地問題の現状を話すなど、この両者は同じ性質を持った課題なのだという認識が共有されました。

ハンセン病差別と基地問題に共通するものとは何でしょうか。ハンセン病は国の法律と政策によって隔離・差別が進められてきてしまいました。沖縄に米軍基地が集中しているのも国の政策による沖縄差別です。両者は国策差別という共通の側面を持っているのだということです。発言者の一人がこのことをわかりやすく述べてくれました。

「ハンセン病問題と沖縄基地問題に共通するものは、国民の不安をあおり、社会的マイノリティに〈特別の負担・犠牲〉を強いる行動であり、犠牲に対する〈恩恵的代償措置〉としての不充分な経済支援でお茶を濁し、少数者は経済的支援がなければ生きていけない（犠牲者があたかも利益を受けているかのように描き出す）という倒錯した認識である」。（神谷誠人（かみやまこと）弁護士）

かつてハンセン病回復者たちが国を訴えた裁判がありました。現在は、回復者本人だけでなく、その家族も国の隔離政策によって様々な差別を受けてきたことから、二〇一六年に熊本地裁に提訴した「ハンセン病家族訴訟」が開始しました。五九名の原告で始まったこの裁判の原告は今では約六〇〇人になっています。そしてその四〇パーセントが沖縄の人ですが、名前を公表している人は一人もいません。ハンセン病に対する差別の根深さを痛感させられる数字です。

学会リレートークでの発言者の一人は、撮影禁止、名前を公表しないことを条件に登壇しました。実はこの人は三年前から辺野古新基地建設阻止行動に加わった仲間で、同じく三年前に自分の両親がハンセン病回復者であったことを初めて知ったという人でもあります。父親はすでに他界していますが、高齢の母親は健在でしかも誰にもハンセン病のことを未だに話していないことから、母親に配慮して公表を差し控えたのです。

悪法である「らい予防法」は一九九六年に廃止されました。それから二十二年も経つのに差別は色々な形でまだ残っています。そしてそれに苦しむ人も多くいるのです。

リレートーク締めくくりに回復者の代表の一人、平良仁雄（たいらじんゆう）さんが発言し、「隔離、断種、堕胎……らい予防法は患者を人間扱いしませんでした。国に対する怒りでいっぱいです。米軍基地の問題にしても沖縄は同じ国民として扱われていません。このことは頭で考えてもわからないんです。頭ではなく、心で受け止めてほしい」と。

心で受け止めてください！　この叫びのような訴えは私も含め、聴く人すべての胸を打つ言葉でした。「〇〇に寄り添って」という表現をよく耳にしますが、何か感傷的な、上から目線のようであまり好きではありません。たとえば「沖縄に寄り添って生きる」などと言われても、そらぞらしさを感じてしまうのです。心で受け止めることはその人の生きる方向性を変えるような経験だと思います。沖縄のことを心で受け止め、そこから生まれる行動はどんなに方法が違っても、かならず真の協働と連帯を生み出すでしょう。

27

翁長県知事逝く　二〇一八年八月

次から次へと様々なことが起こる沖縄は激動の地と言ってもいいほどですが、この八月はそれすらさらに超えて激震の日々になりました。八月三日には辺野古新基地建設の護岸がついにすべてつながってしまいました。これで辺野古側の海は完全に囲われてしまったことになります。内側で生きていたすべての命が失われてしまいます。

悲しみと痛みをかかえながら、キャンプ・シュワブゲート前でも海上でも基地建設への抗議はなお力強く進められていきました。そんな私たちを襲ったとてつもない衝撃は、翁長雄志県知事の死去でした。八月八日、すい臓がんの治療をしながらも公務をこなしていた翁長知事ですが、とうとう力尽きてしまいました。

三日後の十一日に計画されていた新基地建設断念を求める県民大会には出席する予定で、

病院のベッド横には大会のテーマカラーであるブルーの帽子が置かれていたとのことです。県民大会には七万人もの人が集まり、台風接近の雨交じりの天候のなか、特に翁長知事が表明した埋め立て承認撤回の実現に向けて決意を固めました。

知事の逝去を受けて知事選挙が九月三十日に投開票されることになりました。自民・公明側は早々と宜野湾(ぎのわん)市長の佐喜真淳(さきまあつし)氏を立ててきましたが、知事の後継者たるべき人がなかなか決まらず心配しましたが、ようやく衆議院議員の玉城(たまき)デニー氏が立つことになり、その事務所開きが八月三十一日に行なわれました。玉城氏は「イデオロギーよりアイデンティティ、どんどん手をつないで沖縄を平和な島にしよう。自然環境を大事に、あらゆる人を受け入れ、子どもたちが世界に飛び立っていく拠点にしていこう。翁長知事がつくろうとした沖縄は、そういう夢ある沖縄、誇りある沖縄の姿だった」と訴えて、翁長知事の遺志を受け継ぐことを鮮明にしました。

　そしてこの八月三十一日は県が正式に埋め立て承認撤回を発表する日ともなったのです。本当に揺れ続ける沖縄です。県と政府は再び裁判で争うことになります。新聞は撤回と共に工事中断へ、と報じていますが、政府が工事を中断したのは翁長知事逝去後、県知事選が決まってからでした。県知事選が終わるまでは工事をしないと。これまた繰り返されてきた手法です。政府寄りの候補者に有利になるよう、県民を刺激する工事は中断するのです。そして選挙が終わったらすぐに工事再開です。全く姑息なやり方です。

　いま辺野古は何度目かの妙な静けさを取り戻しています。護岸近くのオイルフェンスやフロートは撤去されました。私たちが船でどこを走っても海保は手を出してきません。けれども相変わらず警備会社は警告を続けます。しかし、八月十七日に予定されていた本格的な埋め立て土砂投入は、とにもかくにも避けられました。後戻りできない海の破壊は食い止められているのです。

28
自立と共生と多様性　二〇一八年九月

九月三十日、沖縄県知事選挙が行なわれ、故翁長雄志（おながたけし）知事の遺志を継ぐことを鮮明にした玉城（たまき）デニー氏が政府与党の応援を受けた対立候補に八万票の差をつけて当選しました。菅（すが）官房長官が三度も沖縄入りして応援演説したり、なぜか東京都知事まで来たりと相手側は政府と一体化した選挙を展開し、それがますます日本政府対沖縄という構図を浮き彫りにしていきました。

今回の選挙についてはメディアや識者が色々に評価しており、その多くは県外でも目にし耳にすることができると思います。この選挙は乱暴に一言でいってしまえば、上から目線の姿勢と、下から盛り上げていく姿勢の対決であり、後者が勝ったということだと思います。

相手側は生活レベルの向上も言いましたが、知事の権限でできるはずのない携帯電話料金四割削減をかかげ、それを官房長官も強調するなど、沖縄県民を馬鹿にした姿勢が目立ちました。そして新基地建設問題には一切触れないという、名護市長選で勝った方式を繰り返してきました。

「対立より対話」「対立より協調」これは相手側が強調した標語です。基地問題をめぐって政府との間に、また県民間に深刻な対立があるのは事実です。しかし、その対立を持ち込んだのは政府なのです。ですから対話や協調というのは政府の言いなりになれということでしかありません。対話、協調というそれ自体は悪い意味ではない言葉が、この場合は政府からの圧力にしか聞こえないのです。

一方の玉城氏は県民の対立、分断を越えて共生していく可能性を示しました。高い経済成長をさらに自立につなげていくこと、一人も置いていかない多様性を尊重すること、ここから具体的な貧困対策、雇用問題の改善を訴えました。それに若者たちが応えました。自発的な若者グループが高校めぐりをしたり、独自のアイデアで活発に活動しました。

そうした様々な要素がありますが、私の中でのキーワードは「保育園」です。

ひとつは二〇一五年に保育士で子育て中の城間真弓（しろままゆみ）さんが「ＭａＭａぐるみの会」を立ち上げ、さらには「安保関連法に反対するママの会」沖縄支部を友人と立ち上げ、基地建設問題に関わってきたなかで、九月九日の読谷村議選挙で新人ながらトップ当選を果たしたことです。その勢いのまま玉城デニーさんの選挙活動に加わって多くの支持を得ました。
もうひとつは緑ヶ丘保育園です。昨年末に米軍ヘリからの落下物があったこの保育園で父母の会が立ち上がりましたが、ほとんどの保護者は地元生まれ地元育ちの人たちで、基地があるのは当たり前という環境で特に問題意識もなく活動経験もなく過ごしてきた人たちです。それがこの事件を機に変わりました。子どもたちが安心して安全に暮らせる街を求めて積極的に活発に活動を始め、その輪がどんどん広がってきました。普天間基地のある地元・宜野湾市でこのような活動が始まったのは今回の知事選にも影響を与えたと思います。

三つ目は南城市の保育園問題です。一園だけは公立保育園を残すと公約していた前市長がそれを翻して民営化を進めようとしたことに反対して市民の会が発足し、園長会と共に署名活動を始めました。この市民の会結成が今年一月の市長選挙につながりました。無投票で市長任期を継続していた無風地帯の南城市に新たな風が吹きました。結果はオール沖縄候補の瑞慶覧長敏氏が接戦を制して初当選。しかし新市長を支える与党は市議会二○名中三名という圧倒的少数。

それが九月九日の市議選で五名に増え、中間派を加えると実質的過半数を取るところまで躍進しました。この市議選でも保育園問題を機に結成された市民の会が各地域で多様な運動を展開して、市議会構成の図式を大きく変えていきました。

九月二十六日に行なわれた玉城デニー南城市総決起大会には四〇〇名を超える市民が結集。会場に座りきれない、入りきれないほどの盛況でした。米軍基地のない保守的な南城市のイメージが強かっただけにこの変革は意義あるものです。新市長も新市議たちも玉城デニーさんの応援に南城市で力を尽くしました。

新市議の一人、宮城康博（みやぎやすひろ）さんはかつて名護市議時代には基地建設の賛否を問う市民投票の代表を務めた人で、南城市民となってからも辺野古の現場に足を運び続けてきました。現職市議を含めて誰よりも地方自治法や市政運営に詳しく、この人一人が入れば市議会が変わると言われたほどです。宮城さんとは市民の会のひとつ「東四間切（あがりゆまじり）市民の会」で私も一緒に活動してきました。そんなこともあってか、五人に増えた与党市議は新しい会派をつくり、「碧風会（へきふうかい）」と名づけられましたが、私が提案した名称です。

南城市のエメラルドグリーンの海、森の緑のイメージを「碧」という言葉に、そして南城市にさらに沖縄に新たな風を吹き込む議員たちの姿をこの名に込めました。

子どもの三人に一人が貧困状態にあるという厳しい沖縄の状況で、親たちが立ち上がり市民がその輪に加わって広げ、ついには政治を変えていく。もういい加減日本にぶらさがっていくのはやめて誇りある自立と、共生と多様性を押し立てていく沖縄の歩みがいま始まりました。

娘さんの修学旅行土産のミニだるまを掲げる宮城康博さん。

29

目を覚まして　二〇一八年十月

十月、辺野古は静かでした。沖縄県が埋め立て承認を撤回したことにより、工事は止まって海上行動も週に二回、朝九時から午前中だけ監視をする程度でした。私たちの行く手を阻んでいたフロートやオイルフェンスも撤去され、久しぶりに自由に海を航行でき、これが本来のこの海域であることを実感しました。もちろん、警備会社の船はこの間も休むことなく出ていて、制限水域から退去するようスピーカーでアナウンスし続けてはきますが。

船長の中にはフロートが張られている海しか知らない新しい人もいて、あれがなくなると目印がなくなってかえって怖いと言ったりします。辺野古の海域は暗礁があちこちにあって怖いのです。

しかし、つかの間の平穏な時期ももう終わりです。十一月から海上行動は以前の通常時間に戻ります。朝七時半に集合して、もし工事が再開すれば夕方までの行動になります。防衛省は国土交通省に対して行政不服審査請求を行ないました。つまり沖縄県が埋め立て承認を撤回したことに対して国の機関が同じ国の機関に、沖縄県の撤回を停止するよう求めたのです。この制度は本来個人に与えられた権利です。行政の行なうことが個人の利益を著しく損なう恐れがあるときに、個人を救済する制度として定められているのです。

それを政府の機関、すなわち公の組織がこの時ばかりは私人としてこの制度を利用するのですからひどい話です。同じ内閣の中での請求ですから今まですべて通ってきました。そうなると早ければ十一月には工事再開ということになってしまいます。

沖縄では普天間(ふてんま)基地の辺野古への移設をめぐって賛否を問う県民投票の条例案が十月二十六日に県議会本会議で採決が行なわれ、賛成多数で可決されました。これで六ヶ月以内に県民投票が行なわれることになります。しかし政府は早くも県民投票の結果いかんにかかわらず工事は進めると表明しました。県知事選で新基地建設反対の知事が選ばれても、県民投票で反対の民意が示されてもだめなのです。本当に日本は民主主義でもなく、法治国家でもないところまで来てしまっていると思わざるを得ません。

辺野古の抗議行動に参加している仲間の一人が昨年、首相官邸前でのアピールに行ってきました。訴え続ける彼の前を無関心に通り過ぎる人の多さにたまりかねて、ついに彼は叫びました。「いいかげん目を覚ませ日本人！」と。

やりたい放題を続ける政府を許し続ける日本、本当に暗澹たる思いになってしまいます。沖縄にいても事情は同じです。辺野古のことなどには目をつぶり、耳をふさいでいれば心をかき乱されずに生活できるのです。しかし政府のすることに反対の声を上げなければ、それは賛成するのと同じです。心穏やかに暮らせる日を来たらせるためにも、今行動しなければなりません。その思いを新たに、来るべき工事再開に立ち向かっていきたいと思います。

30　フロートの再設置　二〇一八年十一月

十一月に入って辺野古、大浦湾（おおうら）では再び工事が始まりました。いったんすべて撤去されていたフロート、オイルフェンスの再設置からなされていったのですが、これを何とか食い止めたいと、二週間ほど早朝から夕方まで海上での行動が続きました。

この一年近く工事は辺野古側の浅い水域で進められていましたので、船はオイルフェンスを越えてその中に入っていけませんでした。ですから、外側から抗議するしかなく、船の機動性を生かした取り組みができずにいたのです。

フロートの再設置は大浦湾側の開けた海域で始まりましたから、船も存分に動けます。ただし存分に動けるということは、海上保安庁の高速艇に規制されることでもあり、ある日などは一日のうちに三回海上保安官に乗り込まれました。

三回のうち二回は眼鏡を飛ばされ、一回はあおむけに押し倒されてその上に馬乗りになられてしまいました。そんな状況を心配したカヌーメンバーとフェイスブックでやりとりをしたものを紹介します。

《Hさん》
金井さーん、
昨日はほんっとうに、
お疲れさまでした。
身体大丈夫でしたか？

不屈がガンガン爆走
しているのをしっかり
見ました♪笑

あの船に乗ったらヤバい！
さすが、金井さん！笑

11月いっぱいは半袖で海上行動。

と思って見てましたー。

《金井》
はい、けがはありませんでした。
あの波風の中で一日船を操縦し
たせいなのか、海保と密着ダン
スをしたせいなのか、筋肉痛＆
腰が痛いです。
「ヤバい」は「すごくいい！最
高！」のほうのヤバイですよね
笑

《Hさん》
海保と密着ダンス😆
もう、ほんとに怪我が
ないのがせめてもの救い

乗り込んできた海保。

くらい、大変でしたね。

「不屈船長〜〜っっっ!」
って、海保がメガフォンで
叫んでるのが、遠くから
でも聞こえていました。笑

ヤバい!
まじヤバい!
あの船、いま乗ったら
本気でヤバい!
金井さん、スイッチ
入ってるー!

の、ヤバいです(笑)

このような抗議行動を繰り返しましたが、二週間ほどで大浦湾から辺野古まですべてフロートとオイルフェンスが設置されてしまいました。ただ今回設置されたフロートには、前回のような鉄棒とロープやネットなどはついていませんでした。その維持管理だけで大変だったのでしょう。なにしろ何キロにも及ぶそのロープの修理だけで毎日作業船が出ていましたから。本当に無駄なことをするものです。ロープがなくなったということは、いつでもフロートを船で越えられるということです。もっともそれをすると海保に乗り込まれますが。

こうして大浦湾と辺野古海域は、また醜い障害物で覆われてしまいました。醜いだけでなく危険でもあります。これがあるせいで、大浦湾と辺野古を行き来するには、幅が五メートルしかない島の間を通らねばならないのです。しかも潮が引くと海面下の岩に船が当たってしまいます。そうなると、波の高い外洋をものすごく遠回りして行き来しなければなりません。

フロート設置後はまだ大きな工事は進んでいません。政府が予定していた土砂の積出港、本部(もとぶ)の塩川(しおかわ)港が台風被害にあって岸壁使用ができなくなったのです。補修には来年三月いっぱいまでかかるともいわれ、こうして八月には始まるはずだった埋め立ての土砂投入は半年以上も遅れることになります。二〇一四年に始まった埋め立て計画自体が、もう一年以上遅れていると思いますし、大浦湾の工事も実施できる見通しすら立っていない状態です。その間にも一日あたり二〇〇〇万円近くの警備費はどんどん出ていくのです。何という無駄でしょうか。すべて私たちの税金から使われているのです。このことひとつ取ってもこれは沖縄の問題ではなく、日本に暮らすすべての人にとって自分の問題です。県外からも多くの声を上げてほしいと思います。

31

土砂投入始まる　二〇一八年十二月

十二月十四日、予告していたとおり政府は辺野古での埋め立て土砂投入を開始しました。埋め立て用の土砂は海路、大浦湾（おおうらわん）まで運ばれてきてダンプカーに移し替えられ、そこから辺野古崎付近の現場まで基地内を通って持ってこられ投下されます。ですから、陸揚げされてしまったら防ぎようがありません。

この埋め立て用土砂運搬には数々の問題があります。ひとつはそもそも積み出しに予定されていた本部町（もとぶちょう）の塩川（しおかわ）港岸壁が台風被害で使用できず、改修には半年程度かかることから、二〇一九年四月以降でなければ土砂の積み出しはできないはずでした。

ところが政府は民間会社の琉球セメントが所有している安和（あわ）桟橋（名護市）を土砂積み出しのために使い始めたのです。私企業が公有の海に持っている桟橋ですから、その使用

12月14日。最初の土砂がついに投下されました。

には制限がつけられています。目的外使用はできないのです。辺野古の埋め立て用に土砂を積み出すことは明らかな目的外使用です。しかし、県の指導にもかかわらず安和桟橋はこのために使われることになってしまいました。

政府が工事を加速させると発表してからは、安和桟橋から土砂を運ぶ運搬船が九隻、大浦湾でその土砂を移し替えて陸揚げする台船が二隻に増やされ、かなりのペースで土砂が運ばれるようになりました。台船からダンプに土砂が積まれるのも一〇トンダンプに満載するのに一分くらいしかかかりません。

また県には厳しい赤土条例があります。正式には沖縄県赤土等流出防止条例と言いますが、これによって赤土で海を汚染させないように厳しく規制されています。この埋め立て用土砂もその条例に反するものですが、政府は埋め立て用に使っているのは土砂ではなく岩ズリだというのです。岩ズリは細かなものまで含みますが、基本的に岩石質のものです。しかし、私たちが目撃しているのは明らかに土質です。赤土混じりの土砂なのです。

ずっと前からそうですが、政府はこの工事を進めるためならば法を捻じ曲げ、言い抜けし、拡大解釈し、法に基づいた県の指導を無視し、力ずくで強行してきました。

このような無法ぶりに抵抗する私たちの抗議活動もできることは限られていますが、精いっぱい行なっています。安和桟橋では工事用ゲート前での座り込みが始まっていますし、十二月六日には桟橋付近の海上でカヌーによる抗議もなされました。この時はカヌーが運搬船に取り付いて三時間以上も動きを止めることができました。辺野古は東海岸です。そこから西海岸の安和まで陸路カヌーを運んでの抗議行動でした。

十二月二十一日には高江（たかえ）での工事も再開しましたから、いまや抗議の現場は辺野古のキャンプ・シュワブゲート前、安和桟橋ゲート前、高江N1ゲート前、そして辺野古・大浦湾の海上、さらに安和桟橋付近海上と、大幅に拡大しています。それにはあまりにも人が足りません。沖縄に思いをつなげてくれる人がそれぞれできる場所でできることを――。その連帯の輪を広げていってほしいと心から願っています。

32 「問題ない」埋め立て工事　二〇一九年一月

辺野古での埋め立て工事が加速されて、悔しい思いで眺める先に土砂は次々に投入されていきます。この違法な工事が強行される中でも、新たに問題がいくつも明らかになってきました。ひとつは、埋め立て用の土砂が当初の説明の「岩ずり」とはほど遠い赤土であることに関して、野党国会議員団が現地視察に来て、同行した防衛局員にそのことを正した際には「岩ずり」だと言い張っていたものが、実は沖縄県に無断で赤土含有量が四倍にまで引き上げられていたことがわかりました。しかも、岩屋(いわや)防衛大臣は閉め切った護岸の内側での工事だから問題ないと強弁しています。今の政府は、事柄がどんなに大きな問題であっても「問題ない」と言えばそれで通ってしまう、あるいは通してしまうことに慣れ過ぎていると思います。科学的な検証もなしに「問題ない」で押し切ってしまうのです。

現場視察にきた野党国会議員団。

またもうひとつは、首相がNHKの番組で「土砂投入に当たって、あそこのサンゴは移している」と事実と異なる発言をしたことです。この発言をごく当たり前に聞けば、いま土砂投入している区域を指すことは当然です。しかしここのサンゴは移植されていません。

国会本会議でこのことを質された首相は、「あそこ」とは現在土砂を投入中の区域と、三月に埋め立てが予定される隣接区域を含めた「埋め立て海域南側」を指しているとの考えを強調しました。発言が間違いであったことを認めないのです。どちらの区域とも護岸で仕切られていて、そのうちの隣接区域では一部だけ政府が保護対象とするサンゴが移植されています。はい、これも「問題ない」ですね。

工事そのものが違法であることに加えて、工事のやり方も違法の積み重ね。それを取り締まるはずの警察、海保は目も向けません。違法を訴える私たちを規制し、拘束するのが法の番人である彼らの仕事になってしまいました。こんなことがもう四年も続けられてくると、本来の彼らの正当な職務、存在そのものへの信頼も薄れてしまいます。

辺野古・大浦湾では「手も足も出ない」私たちですが、西海岸の安和（あわ）桟橋では違います。船は遠すぎて行けないのですが、カヌーチームと小型のゴムボートを陸送し、桟橋から出港する運搬船に抗議します。これは非常に有効で、大浦湾ではせいぜい一〇分くらいしか工事を止められませんが、安和では六時間以上も食い止めることができるのです。今では週に一回から二回、こうして安和で行動しています。安和の工事用ゲートでも様々な工夫が生かされています。最初の頃はゲート前で座り込みがなされました。そうすると、警察は路上監禁場所（青空留置場）をあらかじめ作っておいて、そこに人々を閉じ込めてしまいます。人々が身動きできない間、土砂を積んだダンプはフリーパスで桟橋に入っていき、ベルトコンベアに土砂を落としていきます。

そこで考えられたのが、座り込まない方法です。採石場の位置関係上、ダンプはゲートに右折で入ります。そこには信号があって対向車が途切れたタイミングで入ってきます。

すると人々はその時に通行人として横断歩道を渡るのです。道をふさぐわけでもなく、ただ道路を渡るだけですから、警察も警備員も力ずくで排除するわけにはいきません。交通整理の一環として少しの間、歩行者に立ち止ってもらうしかできないのです。

これに加えて、楽しくGOGOドライブ作戦もあります。車を持っている人が、制限速度を守って安全にゲート前をドライブするのです。それだけで右折しようとするダンプカーは対向車線を直進してくる車が過ぎるのを待たねばなりません。

こうして、いつもなら一回の青信号で七〜八台進入していたダンプカーが、一台しか入れないという状況を作り出しています。ひとつの法律違反も業務妨害もしていないのですから、まさに「問題ない」のです。

県民投票に向けて

新基地建設の是非をめぐって県民投票をする。このことを求める署名が多数集まり、県議会は投票の実施を決議しました。ところが、投票を実施しないという自治体が五つも出てきてしまいました。県内の自民党国会議員がこれを指南したとも言われています。有権者の投票権を奪う明らかな憲法違反であるにもかかわらず、県民の民意を示す機会そのものを奪う暴挙です。このことを思うにつけ、南城市（なんじょうし）、豊見城市（とみぐすくし）で新たな市長が誕生していたことは本当に大きなことでした。これが現職のままだったら確実に投票拒否は七市になり、県民投票そのものが実施されないということになったかもしれません。

　このような投票拒否する市に対し、一人の若者がハンガーストライキによって訴えました。宜野湾市役所前で四日間頑張り、ドクターストップで行動を終えましたが、彼の行動は多くの賛同、また衝撃を与えました。連日、激励、応援、差し入れ、署名に訪れる人が後を絶たず、これが五市をも動かしたのだと思います。投票は基地建設賛成、反対の二択でしたが、賛成、反対、どちらでもない、の三択ならばということで実施されることになりました。

　曖昧な項目が加えられたことで後退したことになりますが、ともかく県民投票は二月二十四日に実施されると決まりましたので、基地建設反対の民意を明確にすべく取り組みをしていかねばと思っています。私はもともとは県民投票に反対でした。知事選ですでに民意は示されており、公職選挙法が適用されない投票で、どんなあくどい方法で民意が捻じ曲げられるかわからない危険性をもはらんでいるからです。

　しかし、やると決まった以上は負けられません。一月十二日には県民投票連絡会・南城市支部結成総会が開かれ、全力で取り組んでいく態勢がスタートしています。何度でも「辺野古ノー」の民意を政府に突き付けていく。私たちは諦めません。

南城市支部結成総会には市長も参加。

不屈と不屈丸

二〇一五年一月、辺野古の海上行動に携わる船長たち五人で、会津若松市、仙台市、大船渡市を訪れました。会津若松、仙台でそれぞれ辺野古の現状を報告する集会を開いてもらいました。しかしこの旅の最大の目的は、大船渡の「不屈丸」に会いに行くことでした。

大船渡民主商工会の会長、新沼治さんは、自宅が港から三〇メートルしか離れていないところにあったため、二〇一一年三月十一日の震災による津波で、カキの養殖台、作業船三隻、そして自宅のすべてを失いました。幸い、ご家族もみな命は助かりましたが、商工会の会議で出かけていた新沼さんに残されたのは、その時に乗っていた軽トラックと手持ちのセカンドバッグひとつだけ。

水産庁の復興事業で助成はあるというものの、復興のための自己資金は一千万円を超えるという現実の前に、もう養殖業の復活は諦めたと言います。ところがいろいろな人たちの応援、支援、励ましにもう一度立ち上がろうと決意し、新たに船も購入しました。そしてその船に、震災に負けず復興していくという思いを込めて「不屈丸」と名付けたのです。

新沼さんが瀬長亀次郎（せながかめじろう）の不屈を知っていたのはもちろんですが、合わせてご自身が取り組みを続けている治安維持法犠牲者国家賠償要求同盟の機関紙が「不屈」ということから、そこに思いを重ねて命名したのだということがわかりました。

震災ですべてをいったんは失った人が、新たな船に「不屈丸」と名付けて頑張っている、という話を前年に聞いていて、ぜひお訪ねしたいと思っていたのです。沖縄の「不屈」が、大船渡の「不屈丸」に会いに行く。そんなことをしたいのだと仲間たちに話したところ、結果的に五人の船長で旅行することになりました。会津若松や仙台の報告会では、辺野古の浜でみんなで集めたバケツいっぱいのサンゴ、そして沖縄の新鮮な野菜を持てるだけ持って行って、参加してくれた人たちに配りました。

大船渡では集会は開きませんでしたが、ともかく新沼さんのお話を聞いて励まされました。自然の大きな力にいったんは打ちのめされながらも、再び立ち上がった姿に、

不屈
不屈
治安維持法犠牲者気仙
国家賠償要求同盟

また政府の不条理と闘い続ける歩みに勇気をいただいのです。

そして私たちがお訪ねした時は、ちょうどゼロから再び始めたカキの養殖が二年たって、やっと初の収穫と出荷ができるというタイミングでした。港の作業場まで連れて行ってくれて、収穫されたカキとホタテを、これでもかと食べさせてもらいました。あんなに大きくて美味しいカキは、それまで出会ったことがありませんでした。海水で蒸したカキ、これが一番美味しい食べ方なんだそうですが、それとカキフライ。これまた特大のホタテの刺身にフライ。

作業場の一角には、出荷用の発泡スチロール箱が大量に積み重ねられていました。これらは私たちが訪ねた翌々日には東京の築地市場に届くのだということでした。再起を果たしたその最初の出荷にも立ち会うことができたのです。

二〇一七年の一月には再び訪問して交流を深めました。「不屈」がもたらしてくれたつながりは、このように新たな出会いをもたらしてくれて、辺野古での活動を精神的に支えてくれる暖かな光の一つとなっています。

Ⅱ　宗教者として抗議活動にかかわって

1　平和を造る

平和を守る、平和を造る。この二つは区別されず同じように使われていますが、私は違うと思います。平和を守ると言う場合、前提に今生きている社会は平和であるという考えがあります。そうするとその平和を守るために戦う、戦争することすら否定できなくなります。戦争と平和は対立するものであるように見えて、実に多くの戦争が「平和を守るため」に起こされてきました。つまり平和を守るという考え方からは戦争を防ぐことができないのです。

一方の平和を造る場合は、前提に今生きている社会は平和ではないという考えがあります。平和のない所に平和を造るのですから、その方法自体が平和的、つまり非暴力でなければできません。

ノルウェーの社会学者ヨハン・ガルトゥングが定義した平和の概念がいまや世界標準とされています。彼の定義は、消極的平和＝戦争がない状態、積極的平和＝あらゆる暴力のない状態、というものです。戦争をしていなくてもその社会にいじめ、差別、搾取、抑圧という「暴力」があればそれは平和と言えない、それらをなくして初めて真の平和と言えるのです。

しかしこの考え方は、実は三千年近くも前に聖書ですでに言われています。その一つがエレミヤ書です。

主はこう言われる。正義と恵みの業を行ない、搾取されている者を虐げる者の手から救え。寄留の外国人、孤児、寡婦を苦しめ、虐げてはならない。またこの地で、無実の人の血を流してはならない。（エレミヤ書二二章三節）

その社会での差別をなくし、虐げられている人の人権を回復しなさいと言うのですから。しかもそれこそが正義だというのです。旧約では詩編やイザヤ書で正義と平和が切り離せないことを告げています。その正義とは悪を滅ぼすような力の正義ではなく、差別をなくし、弱い立場に置かれた人の人権を回復する恵みの業のことを指しています。

教会やキリスト者が行なう平和活動はこのような聖書の言葉に基づくものです。非暴力によって平和のない所に平和を造っていく働き、恵みの業をもって神の正義を実現していく働き、それは教会にとっておまけの活動ではありません。まさに神に命じられた本務なのです。

エレミヤはほかの箇所ではもっと過激な表現をしています。

> 主の神殿、主の神殿、主の神殿という、むなしい言葉に依り頼んではならない。この所で、お前たちの道と行ないを正し、お互いの間に正義を行ない、寄留の外国人、孤児、寡婦を虐げず、無実の人の血を流さず、……（エレミヤ書七章四～六節）

大事なのは宗教施設、組織、儀式ではないというのです。熱心に神を礼拝する一方で、社会に正義が行なわれておらず、差別や抑圧、搾取がそのまま放置されているなら神はそのような礼拝も喜ばないというのです。神を礼拝する者であるからこその平和活動、私は辺野古での取り組みをそのように理解しています。

2　石としての沖縄

沖縄は太平洋戦争の末期、沖縄戦によって多くの犠牲者を出しました。住民を巻き込んでの地上戦は「捨て石作戦」とも言われました。連合軍の日本本土侵攻と本土決戦に備え、日本では長野県松代(まつしろ)に巨大な「大本営」トンネルを建築中でした。それが完成して決戦の体制を整えるまで、沖縄で連合軍をくぎ付けにしておく、時間稼ぎのための消耗戦、それが沖縄戦でした。

こうして本土決戦準備のために捨て石とされた沖縄は、戦後米軍に占領され、一九五二年のサンフランシスコ講和条約によって日本が主権を回復した後も、それから二十年、米軍の支配下に置かれ、再び日本に捨てられたのです。

その間、米軍は沖縄のことを「太平洋の要石」と呼びました。Keystone of Pacific――一見、沖縄を大事な存在と見ているように見えますが、これはあくまでもアメリカの戦略にとって役に立つ面から見ての表現です。

このように沖縄はその時々の力ある国によって「石」と表現されてきました。それはどれも沖縄そのものの価値を言い表したものではなく、利用する側の都合に合わせて表現されたものです。

それを思った時に出会った聖書の言葉があります。

わたしは一つの石をシオンに据える。
これは試みを経た石
堅く据えられた礎の、貴い隅の石だ。（イザヤ書二八章一六節）

ここで語られている石こそ沖縄だ、聖書をそう読むようになりました。様々な試練によって試されてきた石、それ自体がかけがえのない貴い石。そして神が堅く据えた礎とは何かというと、平和という礎ではないか。沖縄南部の摩文仁の丘は沖縄戦最後の場所、今は平和祈念公園になっている場所ですが、この公園の中に「平和の礎」と名づけられた記念碑があります。沖縄戦に関連して亡くなったすべての人の名前が石に刻まれたものです。

平和の礎

戦争に巻き込まれた沖縄の住民はもちろんのこと、日本軍兵士として戦死した人たちも、また連合軍兵士として戦って亡くなった人たちも、当時日本の植民地であった台湾、朝鮮の人たちも、すべての人の名前が平等に刻まれています。このような記念碑は世界でただ一つなのではないでしょうか。

沖縄の特に南部には、沖縄県を除く四十六都道府県すべての慰霊塔があります。一九五四年の北海道をはじめとしてそれ以降、各県がそれぞれ建設したものです。慰霊塔には碑文を刻んだ石碑も設置されています。そこに刻まれた碑文はわずかな例外を除いてほとんどがその県出身の兵士のことにしか触れていません。そして散華、英霊などの死を美化した表現が多くあります。

それに比べて平和の礎は敵も味方もなく、二十四万を超える人々の名前が平等に刻まれ、沖縄戦によってこれだけ多くの人の命が犠牲にされたことを学ぶ学習素材です。ですから慰霊碑でも追悼碑でもなく記念碑とされているのです。

この視点こそ沖縄が発信する平和の思想です。そのような礎の貴い石、それが沖縄なのだとイザヤ書の言葉から示された思いがします。

3　私にとってのイエス・キリスト

海上抗議行動の危険度が増す一方で、私たちにできることは限られていった頃のある日のことです。気持ちは最後まで諦めない、諦めなければ負けることはないと思ってはいましたが、それにしても日々の現実は厳しく、無力感に陥りそうになった時に、仲間の一人だったかよく覚えていないのですが、ぽつりと「イエスってさあ、負け続けたんだよね」と言いました。この言葉を聞いたときに不思議と深い、静かな慰めとなって胸に収まっていきました。

辺野古での行動を通して、聖書をどう読むか、どこに立って聖書を読むのかがずっと問われてきた思いがしています。イエスはその時代の貧しく、弱く小さくされた人々と共に生き、その人々の中にこそ神の国があると告げました。そして今イエスはこの沖縄に生きている。日本政府の大きな力にさらされ、圧迫され人々の声もかき消されてしまっているこの所にこそイエスは生きていると思うのです。

しかもそのイエスは結局、権力には負けました。しかし逃げませんでした。権力にすりよることもしませんでした。逆上して無謀な爆発もしませんでした。さらに言えば進んで十字架に赴いたのでもありませんでした。イエスは彼の仕方で権力と闘ったのだと思います。そして負けました。ユダヤ社会の宗教的権威に、そしてユダヤを支配していたローマ帝国の政治的軍事的権威に。負け続けた歩みの行き着いた先が十字架だったのです。

その歩みのすべてを神が良しとしたこと、それが復活ということではないかと思うのです。復活は逆転ではありません。負けを勝利に変えたことではないと思います。弱さを強さに変えたのでもありません。負けて最後は十字架につけられてしまったイエスの、すべての行ないを神が全面的に肯定したということではないでしょうか。

現実に負け続けている日々の中で、イエスは負け続けたのだということが慰めとなるのは、そのイエスが一緒にいてくれることを感じさせてくれるからなのです。

私が佐敷(さしき)教会の牧師となった時に信徒の一人からこんなことを言われました、「沖縄を背負って生きてください」と。重い言葉です。それは沖縄を丸ごと引き受けて様々な課題から逃げず、目をそらさずに沖縄の牧師になってほしいという願いだからです。この言葉を語ってくれた信徒は、私にとって沖縄に生きる、あるいは沖縄を生きる信仰の導き手となってくれました。沖縄を背負って生きるとは、諦めずにここに立ち続けること、結果的に押しつぶされても逃げないこと、しかもヒロイズムに酔うことなく。なぜならイエスはみじめに負け続けたのですから。そのイエスが私たちの主なのですから。

　辺野古での活動をしていますと、どんなに非暴力であっても逮捕される可能性があります。以前のことになりますが、キャンプ・シュワブゲート前で一人の仲間が逮捕されたことがあります。進入してくる車両の前に身を投げ出して、それによって逮捕されたのでした。現在は県警機動隊が現場の規制に当たっていますが、この逮捕の時は名護警察の警備課が来ていた頃です。結局は不起訴となって三日で解放されたのですが、後日この時の警備課長と直接話をした時にこんなことを言っていました。

「Ａさんが車の前に飛び込んだ時、駆けつけたらこの人が鼻血を出していたんです。血が出たらだめなんです。事件にしなければならなくなるんです。この場合、Ａさんにぶつかった車の運転手を逮捕するか、Ａさんを逮捕するか迷いました。でも状況から見てこれはＡさんを逮捕せざるを得なかったんです。ともかく、血が出たらだめなんです。あなたもこれからやる時は血だけは出さないでください」と。

　親切なのか何なのかよくわからない話でしたが、私たちが貫く非暴力であっても警察の論理は別のところにあって、逮捕されることは充分にあり得るということです。現に二〇一四年以降はもう四〇人を超える人が逮捕されています。

そういうこともありますから、教会に話をしました。「こちらがどれだけ逮捕されないようにと思っていても、実際に逮捕されることがあり得ます。私も可能性があります。そのタイミングによっては日曜日の礼拝に牧師としての役目を果たせないかもしれません」と。

そうしたら教会の信者が「そういう時はおとなしく逮捕されて下さい。抵抗して怪我をするよりいいですから。あとは私たちが救出しますから」と言うのです。何と腹の座った教会だろうと思いました。牧師が警察に逮捕される可能性のあるような活動なんてやめてくれと言われるかと思ったら、おとなしく逮捕されなさいなんて。牧師にこんなことを言う教会も珍しいのではないでしょうか。「沖縄を背負って生きて下さい」と私に言ってくれた教会は、自身が沖縄を背負って生きているからこそ、政府という大きな力を前にしてもたじろがず、牧師を支えて歩んでいく姿勢を貫けるのだと思います。

佐敷教会は一年に四回、定められた日曜日の礼拝で「戦争責任告白」を皆で朗読しています。内容は次ようなものです。

神さま、むかし、日本は戦争をしてたくさんの国々にめいわくをかけ、たくさんの人に悲しい思いをさせてきました。戦争は勝っても負けても、たくさんの命を奪うものです。

弱い立場の人たち、赤ちゃんやお年寄りがさいしょに命を奪われていきます。

神さまが創られた自然を、戦争はこわしました。

教会はその戦争の手伝いをしました。

わたしたちの教会は大きなあやまちをしてしまったのです。

人間よりも国が大事だと考えるとき、戦争の準備は始まっています。

みんなで歌いなさいと、国の歌が押し付けられています。一人一人の心を大切にしないからです。

外国からたくさんの人をさらってしまいます。人間を大切にしなくなっているからです。

わたしたちの住む沖縄で、アジアでたくさんの悲しいことが起きています。

人間の命よりも国の秘密が大事にされているからです。

けれど、どんなことが起きたのか、わたしたちはあまり知っていません。

戦争の準備や基地に慣れてしまっています。「自分に関係ない」と思ってしまっています。
遠い出来事だと思ってしまっています。
慣れてしまい、「関係ない」と思うことが一番こわいことです。
わたしたちの心は今、とてもあぶないところに立っているのです。
どうしたら、戦争をやめることができるでしょうか。
どうしたら、平和を造ることができるでしょうか。
あやまる心を持つことです。
困っている人を助けることです。
ちがいを認め合うことです。
自然を大切にすることです。
武器を持たないことです。
「関係ない」と思わないで、自分に大きな関係があると知ることです。
押し付けられたものではなくて、大切にしたいものを一人一人が見つけることです。
神さまがわたしたち一人一人を大切にしてくださっていることを知ることです。
神さまがのぞむ平和な世界をつくるために、愛と勇気をもって戦争に反対します。

ユリの花と佐敷教会。

これを二月十一日「信教の自由を守る日」に一番近い日曜日、六月二十三日「沖縄慰霊の日」に一番近い日曜日、八月第一日曜日の「平和聖日」、そして十二月第一日曜日、これは太平洋戦争開始の十二月八日を覚えてということで。八月の平和聖日には日本キリスト教団の「第二次大戦下における日本基督教団の責任についての告白」を朗読しています。

この告白文にあるように、戦争責任とは日本がかつておこした戦争に対する責任だけではありません。現在、沖縄におかれている米軍基地からベトナムへ、そしてイラクへ軍隊が派遣され、かの地の人々の命を奪ってきたその痛みをも、私たちの責任として告白しています。現在と未来に向けての告白でもあるのです。

二〇一二年九月十一日は日曜日でした。この日の午前十一時から那覇（なは）市の奥武山（おうのやま）公園で「オスプレイ配備反対県民大会」が開かれました。そもそもはもっと早い時期にしかも午後からの大会が計画されていましたが、台風のために延期となり、このように日曜日の午前中から始まることになったのです。それまでの県民大会には教会からも何人も参加していました。けれどもこのままだと時間的に参加が難しくなりました。というのも教会では日曜日の午前十時三十分から礼拝を行なっているからです。

県民大会の開催日時がわかってから急遽、教会の人たちに相談しました。そうしますとすぐにみんなが、「礼拝時間を早めて、県民大会に参加しましょう」と即決でした。それで当日は朝九時から礼拝をして、終わってすぐに県民大会へ。すると示し合わせていたわけではないのに、会場にはほかの教会の姿もいくつか見られました。同じように礼拝時間を早めて駆けつけてきたのです。

これが沖縄の教会なのだと思いました。佐敷は台風直撃のさなかでも礼拝は休まないという教会です。それほど礼拝を大切にする教会であるからこそ、この時間変更には牧師である私が驚き、感動しました。そしてそんな教会が佐敷だけではなかったことにもです。戦争責任を告白し、現在と未来の平和を真剣に考える教会が沖縄にはこれだけあるのです。

4　非暴力で平和を

「土砂積み込まれてるんじゃねーかよー！　何やってんだよー！　しっかりやれよ！」

辺野古の漁港で海人（うみんちゅ）にかけられた言葉です。政府は二〇一八年八月十四日から辺野古に埋め立ての土砂を投入すると発表しましたが、翁長雄志（おながたけし）沖縄県知事の死去とそれに続く知事選挙などがあって、計画を実行できないでいました。知事選が終わった十月になって計画の再スタートと思ったら、今度は土砂積出予定の本部町（もとぶ）にある塩川港（しおかわ）の岸壁が九月の台風で破損し、二〇一九年三月いっぱいまで使えないことになったのです。

　すると工事計画にはなかった名護市安和（なごしあわ）の琉球セメント桟橋を使うという話になりました。工事予定の変更ですから知事の許可を得なければならないところを無視して、民間企業の桟橋を使ってそこから船で土砂を運び、辺野古に投入すると、それが十二月十四日だと発表しました。

　十二月三日には厳重な警備のもと、抗議する市民を機動隊がやって来て排除し、積み込み作業が始まってしまいました。冒頭の海人の言葉はそのことを指しているのです。ただこの栈橋にはいろいろな制限がかけられています。一企業の栈橋が公有の海に作られているわけですから、目的外使用はできないとか、赤土を海に流さない制限などがあるのですが、そのどれ一つも県に届けたり許可申請したりせずに、政府の言いなりになって作業を始めてしまいました。そこで、三日のうちに市民グループから県に要請がなされ、立ち入り調査をすること、調査終了までは作業を中断させることを求めました。その要請を受けて三日の午後には作業が止まりました。十二月十四日の土砂投入も無理でしょう。

　緊迫したなかで海人からの言葉は激励でした。この海人Nさんとの出会いは鮮烈でした。二〇〇七年、私が海上行動に加わり、カヌー隊から船長に移行し、阻止行動をしながら訓練を受けていた頃です。作業船が動き回り、こちらは作業を阻止するために船、カヌー、ダイバーが入り乱れていた場所で、私は自分の船を作業の警戒船であったNさんの船にぶつけてしまったのです。と言ってもこちらはゴムボートですし、スピードも歩く速度より遅いくらいでしたが、こつんとでも当たったたら海人は激怒します。

　それで私の船に乗り込んできて「このやろー！」と胸ぐらをつかまれました。それがN

さんを初めて間近で見た時だったのです。やがてわかったことは、このNさんは海上抗議行動の人たちから最も恐れられていた海人だったということです。朝、海に出てこの人の船が出ているのを見ると、今日も現場は荒れるとみんなげんなりしたものです。

ところが二〇〇八年、Nさんは私たちの阻止行動の真っ最中に「暴力やめた宣言」をしました。私たちのほうがポカンとしてしまう出来事でしたが、あとで事情が分かりました。娘さんが大きくなってきて父親が暴力船長で有名だと知ったらしいのです。そこで娘さんから「もうやめて」と言われたのがこの宣言につながりました。

それ以来、私たちとも少しずつ話をするようになり、いつしか本当に仲の良い関係になっていきました。元々は自動車修理の工場をやっていたこともあって、車のことにはとても詳しく、私の車が不調になったときには部品代だけ請求し、預かって修理してくれたこともあります。修理の間には代車まで貸してくれました。

ずっと政府に雇われて新基地建設工事にたずさわってきた彼ですが、本当の思いは海を壊すことに反対していたのです。今も警戒船として海に出ていながら、私たちの行動を応援してくれています。立場上、そして様々な圧力のために船を出さざるを得ないのですが、進む工事に一番怒りをつのらせているのは、辺野古の海で暮らし、この海を世界一美しいと自負している海人の当然の思いでしょう。

あの沖縄戦がおわったとき、
山は焼け 里も焼け 豚も焼け
牛も焼け 馬も焼け
陸のものは すべて焼かれていた
食べるものと言えば 海からの恵みだったはず
その海への恩返しは 海を壊すことではないはずだ
海人 山城

私たちに「何やってんだよー！」ときつい言葉をぶつけても、海上保安庁に拘束され、排除され、船に乗り込まれるのを同じ海の上で見ている彼ですから、どれほどの力の差があるかはよく知っています。それでも頑張ってほしいという思いを、頑張れよとか、応援してるよ、というようには表現しないのです。ややこしい。

ほかの海人たちもそうです。言葉はきつくても心根は優しいということがよくあります。ですから、私たちの行動は徹底した非暴力で行なうことを確認しあってきました。伊江（いえ）島の阿波根昌鴻（あはごんしょうこう）さんが米軍に奪われた土地を取り返していく交渉で徹底したのも非暴力です。「剣をとるものは剣で滅びる」というイエス・キリストの言葉をかかげ、しかもかかげるだけでなく実践していった阿波根さんの精神を辺野古でも受け継いでいます。

暴力は腕力のことだけではありません。言葉の暴力も用いない、汚い言葉、きつい言葉、ののしったり、相手の尊厳を傷つけるような言葉を発しない。年配の仲間はこう表現しました、「孫や子に語りかけるように話しましょう」と。海人に、作業員に、海上保安官に、穏やかに語りかける。それを私たちの非暴力行動の柱にしてきました。

最初のうちは通じない語りかけも、繰り返しているうちに相手も心を開いて応答してくれるようになります。全員がそうだというわけではありませんが、先のNさんのようなこともありますから、無視されても、ののしられても語りかけ続けてきました。「たっくるすぞ！」（ぶっ殺すぞ！）と言っていた海人とも話ができるようになり、荒れた海に出たときなどは、「今日はね、しけているからね、転覆しないように気をつけなさいよ！」と私たちを気にかけてくれるようにまでなった人もいます。

いま目の前にいるこの人との間に平和を造っていきたい、この人と一緒に平和を造っていきたい、相手がどのような立場の人であれ、その思いを大切に行動をしています。

5

不屈の民

一枚の旗があります。端のほうはボロボロにちぎれて、色褪せて白っぽくなってしまった旗です。これは、私が最初に船長を務めたときにその船に掲げていたレインボーフラッグです。辺野古の抗議船は目印にみなレインボーフラッグを掲げていますが、陽に焼かれ潮風にさらされ、一年も使うとボロボロになってしまいます。今まで何枚取り換えてきたかわかりません。使えなくなった旗は廃棄して新しいものに替えるのですが、この最初の旗だけは捨てられずに取っておいているのです。自分の未熟さからくる不安や恐怖と戦いながら海上行動に出ていた頃を思い出します。この旗は「諦めなかった」ことのしるしです。そして同時に私自身だと思っています。つまり人間的に欠けだらけの破れの多い者、色鮮やかなまっさらな旗とはほど遠いくたびれたもの、それが私だと教えてくれます。

「そんなお前であることはよくわかっている。その私が見ていてやるから、もう少しここで頑張ってみなさい」。そんな神の声が聞こえたわけではありませんが、そう語りかけられていることを感じながら歩んできました。私にとって神の愛とはそのようなものです。どうしようもない自分だけれど、そこに希望を与えてくれるものです。

苦難は忍耐を生む
忍耐は練達を生む
練達は希望を生む
希望は欺くことがない
神の愛が心に注がれているから（ローマの信徒への手紙五章三〜五節）

このような新約聖書の言葉があります。少し表現に手を加えて紹介しました。神の愛が注がれて最初に生まれるのは希望だと思います。その希望があるゆえに苦難から忍耐が生まれるのだし、希望があるから忍耐から練達が生まれ、希望があるから練達からさらに確かな希望が生まれるのだと思います。このように愛（大切にすること）から始まって希望がさらなる希望を生むというように循環していくのだと思います。

それを思うときに聖書の不思議な言葉が真実だと実感します。その言葉とは次のようなものです。

せんかた尽くれども希望（のぞみ）を失はず　（コリントの信徒への手紙二・四章八節）

これは古い文語訳のものです。辺野古の現状はこのようなことの連続です。圧倒的な政府の力の前、これをやってもだめ、考えうる方法はすべて試してみたけれどなにをやっても跳ね返されてきました。本当に八方ふさがりです。それが「せんかた尽きた」現実です。普通に考えればそこに生まれてくるのは絶望です。しかし、聖書は「希望を失わない」と語ります。これは強がりではなく実感していることでもあるのです。その時は徒労にしか見えないことであっても、何かにつながる、決して無駄ではなかったと思える時が来ます。

たとえば、こんなことがありました。二〇〇七年に教科書問題に関する県民大会が開催されました。歴史教科書から沖縄戦時の「集団自決」が軍の命令によるものだとの記述が削除されたことへの抗議の大会です。辺野古の座り込みテントではこの機会に多くの人に辺野古に来てもらいたいと思って、チラシを二万枚印刷し、すべて配り切りました。翌日以降、どれだけの人が来てくれるだろうかと期待していましたが、チラシを見てやってきましたという人はゼロでした。二万枚配ってゼロ。さすがに徒労感を覚えましたが、ずっと時間がたってからそれは決して無駄ではなかったのだと気づかされました。

二〇一四年に行なわれた「オール沖縄」の選挙、そして各地での島ぐるみ会議の発足、それによって県内の各地から続々と人々が辺野古に足を運んできました。その時にわかったことは、あの無駄に見えていたようなことが一つ一つ積み重ねられて、ある時点で堰を切ったように大きな流れとなって押し寄せてきたのだということでした。また、今はカヌーメンバーとして大切な働きをしてくれている仲間の一人が、「そのチラシ覚えてますよ、ずっと取っておきました。それでここに来たんですから」と言ってくれて驚きました。チラシを手にしてから七年後の行動だったわけです。だから希望を捨てません。

私たちの行動は現場ですべてが解決できるものではありません。つまり現場の活動が新基地建設工事を止めることはできないのです。もちろん、だからといって諦めてはいません。精いっぱいやってきましたし、これからもそうです。では何が得られたかというと、広がりです。十年前には想像できなかったようなつながりと広がりが確実に与えられてきました。それこそが基地建設を食い止める力だと思います。だから希望を持ち続けていきます。

そのつながり、広がりを確かなものとするためにも、一人でも多くの人に一度は辺野古に足を運んでほしいと願っています。ただ、辺野古は楽しい場所だから来てください、とは言えません。やはり厳しい場所です。でも厳しい場所で私たちは楽しんで行動していきます。もう少し正確に言えば、厳しさの中から楽しみをほじくり出して活動しています。

抗議船「不屈」のテーマ曲にしている歌があります。一九七〇年代、南米のチリで民主化のシンボルのようにして歌われ、世界中に広がっていった歌です。「団結した民は決して敗北しない」――。日本では「不屈の民」というタイトルで知られています。富も権力もない私たち一人ひとりはちっぽけな存在です。そんな私たちの力はつながりです、団結です。それは個性を殺した集団になることではありません。それだと機動隊や軍隊と同じになってしまいます。命令で機械的に動く集団、私たちが大事にしているのはそんな集団ではありません。一人一人が人間であることをやめない、自分で考え良心に従って行動する、そんな一人一人がつながりあって団結していくときに、それは本当の力になっていくと思うのです。それこそが不屈の民です。

あとがき

本文を書き終えた一月以降も沖縄をめぐる状況は動き続けています。

二月二十四日、辺野古新基地建設の賛否を問う県民投票が行なわれました。結果は反対が四三万四二七三票で、県知事選挙の得票を上回る圧倒的な票差で県民は反対の意思表示をしました。投票者の七二％が反対したのです。

沖縄の民意は明確に示されました。それにもかかわらず政府は工事の手を止めません。これが「美しい国、日本」の正体です。

沖縄に心を寄せ、政府の仕打ちに憤った内地の人たちの中には、もう沖縄は独立するしかないですよ、と言ってくれる人が複数います。一緒に怒ってくれるのは嬉しいですが、ちょっと待って下さいと言いたくなります。沖縄の独立を言う前にまず日本がアメリカから独立して下さい。そのための行動をそれぞれの場で起こして下さいと。

何年か前にアメリカから講演のために沖縄に来た知人が言いました。「私は東京に行くたびに不思議でしょうがないと思うことがあります。どうして日本の人たちは日本がアメリカの植民地であることに気がつかないのでしょう。本当に不思議です」と。

沖縄にいるとそれは嫌でも日常的に突きつけられている現実です。ああ沖縄は日本の、そしてアメリカの植民地なのだなあと。別の言い方をすればアメリカによる占領は終わっていない、しかも日本がそれを招いているのだとも言えましょう。

西が丘教会が発行している沖縄からの便りを読まれたみなも書房の弓削悦子さんが、これを本にしましょうと言ってくれました。みなも書房にとっては大きな冒険なのではないかと思います。その冒険を共にする者として選んで下さったことに感謝しています。

現場の直接行動とは違った仕方で、しかし新基地建設を食い止める取り組みを共にする仲間として、一緒に本作りをさせていただいたことは本当にありがたいことです。

そのような仲間にもう一人加わってくれたのが、表紙の絵を担当されたおかのまめさんです。この本のために描きおろして下さった絵には、ご覧になっておわかりのように沖縄の自然、生き物、歴史、現状が盛り込まれています。

破られた基地のフェンスからあふれ出て舞う蝶の群れ。沖縄では亡くなった人の魂は蝶になると言い伝えられています。

そしてこの絵の中心にチビチリガマが描かれています。二〇一七年、チビチリガマは四人の少年たちに荒らされ、様々なものが破壊されました。後に分かったことは少年たちは沖縄戦時にここで起こった集団死のことを知りませんでした。

歴史を知らされた少年たちは周囲にチビチリガマのことを伝えていくことを約束し、慰霊の気持ちを込めて十二体の野仏を作りました。

彼らの保護司となり、野仏制作を指導した彫刻家の金城実さんに私は聞いてみました。十二という数に意味はあるのですか？　と。そうしますと、「これは干支の数だ」というのです。つまり集団死で亡くなったすべての人に当てはまるよう、この野仏を作ったわけです。さらに亡くなった人の中にはクリスチャンが一人いたこともわかっていて、その人のために金城さんは十字架もひとつ作って配置しました。

そのこともおかのさんは絵の中に表して下さいました。実は現地で十二ヶ所に配置された野仏をすべて見つけるのは難しいのです。それも絵には表現されており、ここには十二体の野仏が描かれていますので探してみてください。

そして推薦文を書いて下さった三上智恵監督。映画『標的の村』、『戦場ぬ止み』、『標的の島~風かたか~』、そして『沖縄スパイ戦史』ではキネマ旬報文化映画部門で一位をとられました。その眼差しは沖縄の歴史を縦に、地域の広がりの横へ、幅広く深いものです。

辺野古の現場には何人かの「ちえさん」がいます。皆さん人間的な深みと魅力にあふれ、そしてパワフルです。何よりも強者が力ずくで人を押しつぶそうとすることに断固立ち向かってゆく勇気と信念が芯を貫いています。それゆえ「最強ちえちゃんズ」と敬意を込めて称されています。その筆頭が三上智恵監督ではないでしょうか。

いつも現場で行動を共にし、見守ってくれてきた監督から身に余る言葉をいただきました。心から感謝いたします。

こうして抗議船「不屈」は本作りの仲間たちを乗せて新たな海に船出することになりました。あなたも不屈と共に、あなたの新しい海に船出してみませんか。

二〇一九年三月

金井　創

著者紹介　金井 創

一九五四年、北海道の岩内町に生まれる。早稲田大学政治経済学部、東京神学大学大学院を経て日本キリスト教団富士見町教会副牧師、明治学院牧師を務める。二〇〇六年より日本キリスト教団佐敷教会牧師。沖縄キリスト教学院・沖縄キリスト教平和総合研究所コーディネーター。辺野古新基地建設抗議の海上行動で船長。特に二〇一四年からは抗議船「不屈」船長。著書に『生き方としてのキリスト教』（日本基督教団出版局、一九九九年）がある。

沖縄・辺野古の抗議船「不屈」からの便り

二〇一九年四月十日　初版第一刷発行
二〇一九年五月三十日　初版第二刷発行

著者　金井(かない) 創(はじめ)
発行者　弓削悦子
発行所　みなも書房
東京都世田谷区三軒茶屋 2-28-4-106　154-0024
info@minamo.pub
印刷・製本　株式会社シナノ
装画　おかのまめ
組版　前田司

ISBN978-4-9909365-2-5 C0036　PRINTED IN JAPAN